中国丝绸档案馆馆藏集萃

芳华掠影

中国丝绸档案馆馆藏旗袍档案

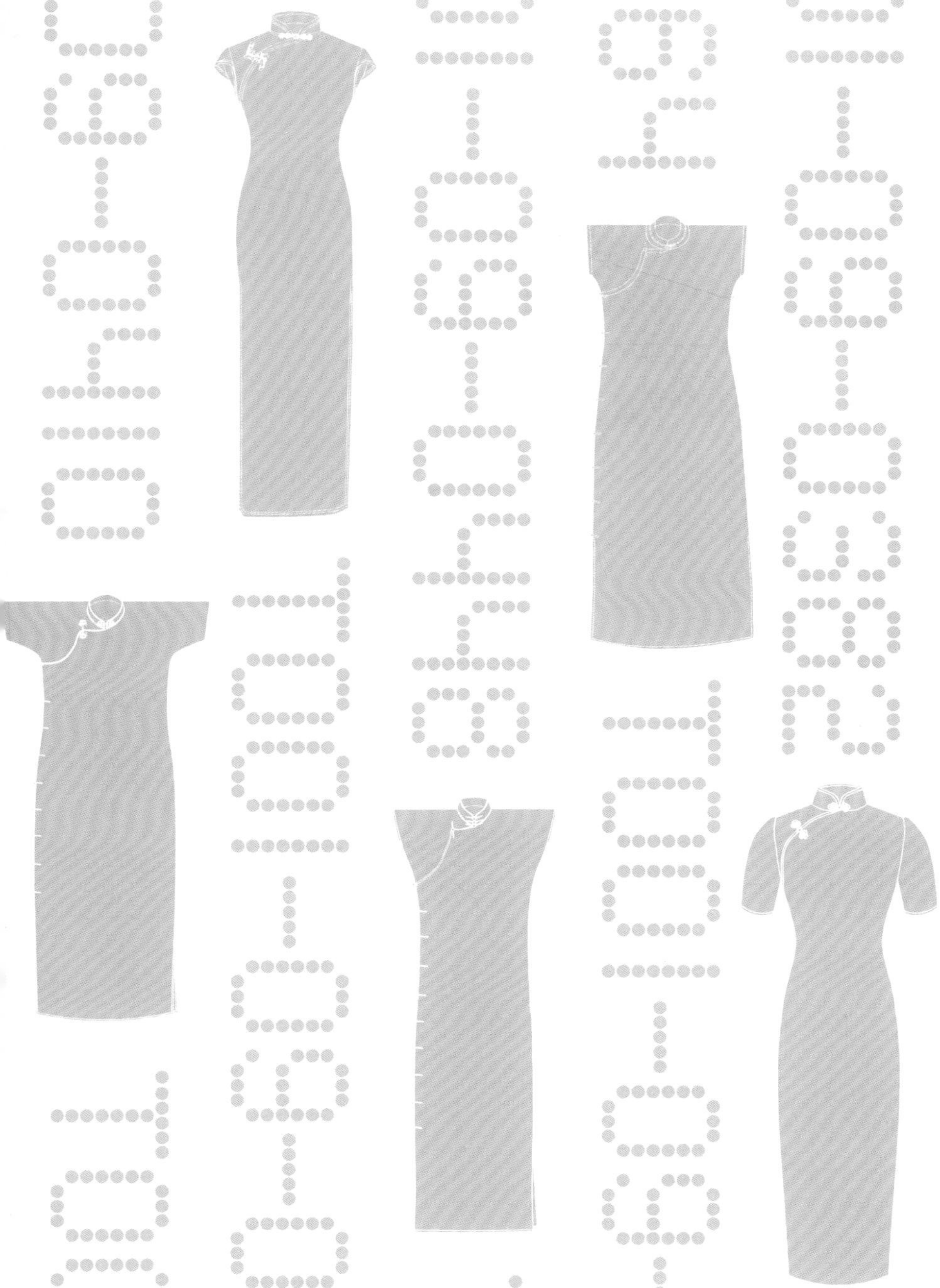

苏州中国丝绸档案馆
苏州市工商档案管理中心
编

苏州大学出版社
Soochow University Press

图书在版编目(CIP)数据

芳华掠影:中国丝绸档案馆馆藏旗袍档案 / 苏州中国丝绸档案馆,苏州市工商档案管理中心编. —苏州:苏州大学出版社,2021.10
(中国丝绸档案馆馆藏集萃)
ISBN 978-7-5672-3698-1

Ⅰ.①芳… Ⅱ.①苏… ②苏… Ⅲ.①旗袍-档案资料-中国-民国 Ⅳ.①TS941.717

中国版本图书馆 CIP 数据核字(2021)第 179556 号

书　　名: **芳华掠影**——中国丝绸档案馆馆藏旗袍档案

编　　者: 苏州中国丝绸档案馆　苏州市工商档案管理中心
责任编辑: 王　亮
装帧设计: 阎岚云

出版发行: 苏州大学出版社(Soochow University Press)
社　　址: 苏州市十梓街1号　邮编:215006
印　　装: 苏州工业园区美柯乐制版印务有限责任公司
邮购热线: 0512-67480030
销售热线: 0512-67481020

开　　本: 787 mm×1 092 mm　1/16　**印张:** 13.5　**字数:** 175 千
版　　次: 2021 年 10 月第 1 版
印　　次: 2021 年 10 月第 1 次印刷
书　　号: ISBN 978-7-5672-3698-1
定　　价: 198.00 元

若有印装错误,本社负责调换
苏州大学出版社营销部　电话:0512-67481020
苏州大学出版社网址　http://www.sudapress.com
苏州大学出版社邮箱　sdcbs@suda.edu.cn

中国丝绸档案馆馆藏集萃

编委会

《芳华掠影——中国丝绸档案馆馆藏旗袍档案》

编委会

总序

“上有天堂，下有苏杭。”苏州，拥有2 500多年的建城史，是一座有着古典之美的世界遗产典范城市和国家历史文化名城。这里钟灵毓秀、人杰地灵，孕育出了精致典雅、文蕴醇厚的吴地文化。

苏州不仅是一座历史文化古城，也是一座丝绸名城。它地处太湖流域，气候温暖湿润，适桑宜蚕。苏州工业园区草鞋山出土过6 000年前的纺织品实物残片，证明新石器时代这里已经具有丝织技术。千百年来，苏州丝绸从滥觞走向鼎盛，浓缩并传承了中华民族的杰出智慧和创新精神，成为中国文化的重要体现。

随着“一带一路”倡议的实施，沿线国家积极参与建设，我国各地各部门也在积极投入“一带一路”建设中。作为档案部门，我们着力挖掘丝绸档案的文化内涵，推动“近现代中国苏州丝绸档案”成功入选《世界记忆亚太地区名录》《世界记忆名录》，为苏州建设全球首座世界遗产典范城市做出了档案贡献。国家档案局原局长李明华表示，“近现代中国苏州丝绸档案”入选《世界记忆名录》，不仅让中国文献遗产中的精粹在世界文明中留下了永恒的印记，也是档案部门服务国家“一带一路”建设、推动地方经济和文化繁荣兴盛的优秀范例。

档案文献遗产作为文化遗产的重要组成部分，唯有从“沉睡”中“苏醒”过来，在现代社会中焕发新生，才能实现可持续性地保护与传承。然而长期以来，档案文献遗产保护固守的是以“载体、环境和技术性保护”为核心的内生型逻辑，对档案文献遗产承载的文化内核及由此产生的外向型保护需求的关照明显不足，从而难以在保护过程中真正盘活档案文献遗产。

苏州向来有保护好、传承好、利用好档案文献遗产的优良传统。在苏州档案部门的接续努力下，全国地级市首家“中”字头专业档案馆——苏州中国丝绸档案馆即将建成投用，世界记忆项目苏州学术中心积极发挥作用，以丝绸档案文献遗产为载体、以环境和技术性保护为基础、以文化内涵保护为核心、以文化价值传播为目的的开发利用模式基本成型。

苏州丝绸档案中有如诗如画的旗袍、像锦、苏绣、意匠图……每一种都有一段绚烂的历史，都值得用心书写。“中国丝绸档案馆馆藏集萃”重现苏州丝绸档案的魅力，让读者欣赏丝绸之美，了解植根于丝绸档案中的深厚的丝绸文化，相信读者定会从中受益。同时，丛书的出版对保护、传承、弘扬、创新苏州丝绸品牌，对东西方文化的融合与创新，以及对“一带一路”建设的推进也有着重要意义。

苏州市委副秘书长、苏州市档案局局长、
苏州市档案馆馆长　祁立春
2021 年 6 月

序

近代以来，旗袍一直是中国传统服饰文化中的一颗明珠，特别在西方人眼中，旗袍更是中国的符号之一。这种来自20世纪上半叶满族女性传统旗服并在西洋文化基础上设计的时装，是一种东西方文化糅合的具象产物。旗袍将满族的长袍与当代时尚完美地兼收并蓄，用印花、织锦提花、刺绣等手段增添丰富的美感。20世纪三四十年代，旗袍在形制、工艺上不断发展，并采用新的剪裁缝制技术，逐步发展为近代中国女性标杆性的时尚着装，影响延续至今。它追随时代，承载文明，展现出中华女性贤淑、典雅、温柔的性情与气质。

旗袍自诞生之初，就呈现出了令人目不暇接的变化，从造型到款式、从面料到纹样、从搭配到装饰，无一不处于变化中，时至今日，我们仍可以在大街小巷寻觅到旗袍改良过后的新式服饰或传统定制旗袍，这是令人欣喜的现象。无论是淡雅婉约的海派旗袍，还是奢华繁复的京派旗袍，无不透露出人类最朴素的才艺与智慧，这就是我们民族的宝贵财富。

同时，旗袍也是丝绸的重要表现形式。丝绸作为中国所独有的“东方式智慧”，是中国时尚的重要载体，是中西方文明沟通的重要媒介。

苏州丝绸的美名响彻海内外，丝绸业也是苏州市的传统支柱产业，苏州丝绸制品的质量与花型闻名全国。在此背景下，中国丝绸档案馆的建设可以说是为中国丝绸文化、丝绸服饰的传承搭建了一个重要的平台。因为一卷卷丝绸档案，越来越多的专家学者聚集在此。我们记录了发生的故事与感受，而更多的思考是旗袍之于丝绸的价值与意义。

江南大学与中国丝绸档案馆合作撰写的这本书中，从中国丝绸档案馆馆藏旗袍档案中挑选80件实物档案，从这80件旗袍实物档案着手，梳理旗袍的历史渊源，从馆藏旗袍的造型结构、装饰艺术、材料选择、图案运用、工艺技术、设计审美等方面进行分类考证和研究，探寻面料与服饰碰撞的火花，深入挖掘其历史起源、创作过程、创作技巧及其实用与艺术价值中存在的大量闪耀着人性智慧的无形文化。

“传与习”是我们面对传统服饰文化的通常做法。旗袍与丝绸艺术传习的根本不仅仅是保存传统文物，继承的不仅仅是传统的表象、简单的符号，更重要的是传习传统的精神内涵。作为服装设计与文化的教育者和研究者，我深感最具有时尚气息的传统服饰莫过于旗袍了，当代“国潮”风盛行，让旗袍绽放出了更加多彩的一面。

希望这本书不仅能让读者追忆民国风尚与霓裳风情，而且能给予现代时尚以启迪。我们乐于展望未来的旗袍时尚风潮！

崔荣荣

2021 年 1 月写于无锡

前言

这是一本关于丝绸和旗袍的书。

可是丝绸与旗袍的联系，远不止于同时出现在书名之中，也不仅是在某件服饰上显现了材质和款式的统一，它们似乎还有更核心的联系，是什么呢？

由于人们看到丝绸和旗袍总是会惊叹于它的美，所以要回答上面的问题，我们先看另一个问题：什么是美？或者我们如何定义美？

美学家李泽厚基于克莱夫·贝尔“美是有意味的形式”这一著名观点提出审美积淀论。他举例说，新石器时代陶器的抽象几何图案并非只是为了美观和装饰，而是积淀了庄重的原始巫术礼仪的图腾含义，而对于这些几何图案的审美感受，也不仅是均衡、好看，当你对先民的图腾崇拜钻研越多，感受就越深邃复杂，穿透抽象的图形，进而看到先民观念中的蛇、鸟、蛙、日、月等。所以，“审美积淀”是指美和审美在客体与主体两方面的共同特点：在客体，是内容积淀为有意味的形式；在主体，是想象和观念积淀为审美感受。

回到前面的问题，当需要高度符号化丝绸和旗袍时，比如设计图标，经常会想到一段S形的线条，或横或纵。这段线条是如何提炼的呢？我们看到之后又有什么感受？

想象这段线条如何提炼，仿佛看到先民在河谷、在风声鸟声之中，或是伴着热气腾腾的部落篝火和粗野鼓点，万物有灵，思绪悠远，刻下那些承载图腾崇拜与魅惑情感的几何线条，所以它当然不只是为了美观。而当看到这段抽象的S形线条时，于丝绸，既像丝绸制品的曲线，也象征着轻盈与柔和，视角穿越山海，像陆上丝绸之路的茫茫沙漠，像海上丝绸之路的洋流波涛，也像丝绸之路承载的文明流动；于旗袍，既是女性身体的曲线，又似欲言又止、道似无情却有情的东方式含蓄，所以人们想象戴望舒《雨巷》

中的姑娘好似身着旗袍，婉约娉婷，而王家卫《花样年华》中女主角苏丽珍的服装看似也只有旗袍最合适。从文化艺术进入国家礼仪，1929年国民政府将旗袍作为国家礼服，1984年国务院将旗袍定为女性外交人员的礼服，2014年亚太经济合作组织（APEC）会议中国选择旗袍作为领导人女配偶的服装，究其原因，远非美观这一感官愉悦所能解释，而是其上积淀的、代表东方美学与中国符号的想象和观念。

所以，关于丝绸与旗袍更核心的联系，本书的回答是，它们是“审美积淀论”之“抽象形式中有内容，感官感受中有观念”的极佳代表，它们的美、暗示和表现力均来自这一积淀，所以能以实驭虚，言有尽而意无穷。

而本书从选自中国丝绸档案馆珍藏旗袍档案的80件旗袍实物档案出发，阐述它们的历史背景、创作技巧、实用价值与艺术价值等，其目的正是丰富其物质之身的审美意义，便于读者脱离“好看”的表层观感，进而获得更丰富、更深层、欲辨已忘言的审美感受。

本书还试图揭示一个误区，或者说倡导一种态度，便是关于“传统”。中国丝绸档案馆中的旗袍，这一课题不免给人传统的印象，而传统又常被看成是悠久和不变的，但实则大可商榷。

首先，中国丝绸档案馆的核心馆藏、入选《世界记忆名录》的“近现代中国苏州丝绸档案”，主体上溯大约到清末，也就一百多年前，而旗袍风尚的起始，通常认为在20世纪20年代，那也才一百年，但不妨碍前者登上国际舞台讲述苏州“丝绸之府”的历史，不妨碍后者成为中国传统服饰的代表。可见，能否代表传统并非只求时间久远，而是前文所说的意义积淀。

更值得关注的是，以丝绸之路为例，作为早期连接东西方的商路，逐渐发展为文明互鉴之路，今日更是凭借“一带一路”而创建新的人类命运共同体；旗袍从产生之时长及地面到为追求时尚、女性解放而不断改短改良，至今日进入“国潮”设计师的视野，百年来融汇满汉、中外审美，庙堂之高、江湖之远，一直都是时尚的象征。可见，无论是丝绸还是旗袍，成就其传统地位的恰是兼收并蓄、因时而变。概而言之，我们今日能看到并珍视的传统，都是时势造英雄的创造。

所以，当我们立足历史的馈赠，如品种繁多的档案馆馆藏、如时光沧海里的旧日旗袍，做这一份传承的事业时，需要继承的并非刻舟求剑的枷锁和教条，恰是敢于创造传统的勇气，是海纳百川、与时俱进的眼界和气魄。

落花人独立，玉影掠芳华。盼望这本书带给读者的除了美，还有更多思考和启示。

目录

芳华掠影 FANGHUA LÜEYING

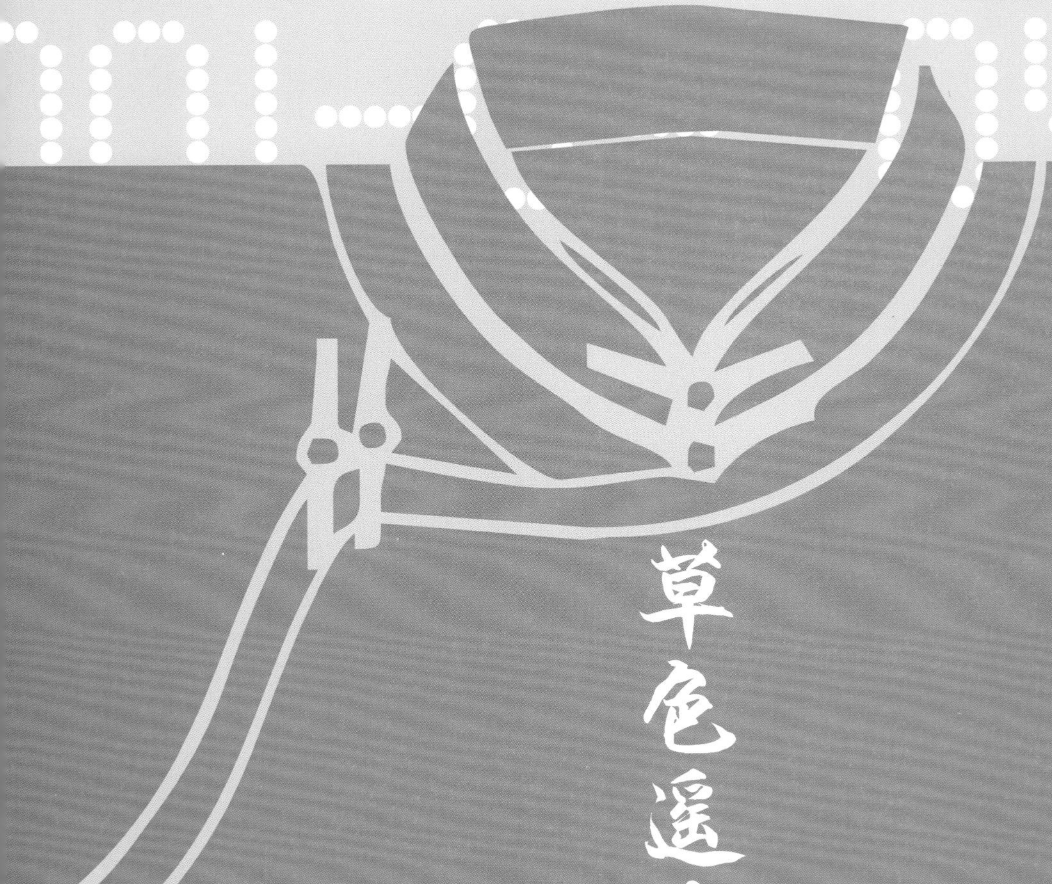

草色遥看近却无

绿色地植物纹织锦童旗袍

档号 T001-09-0449

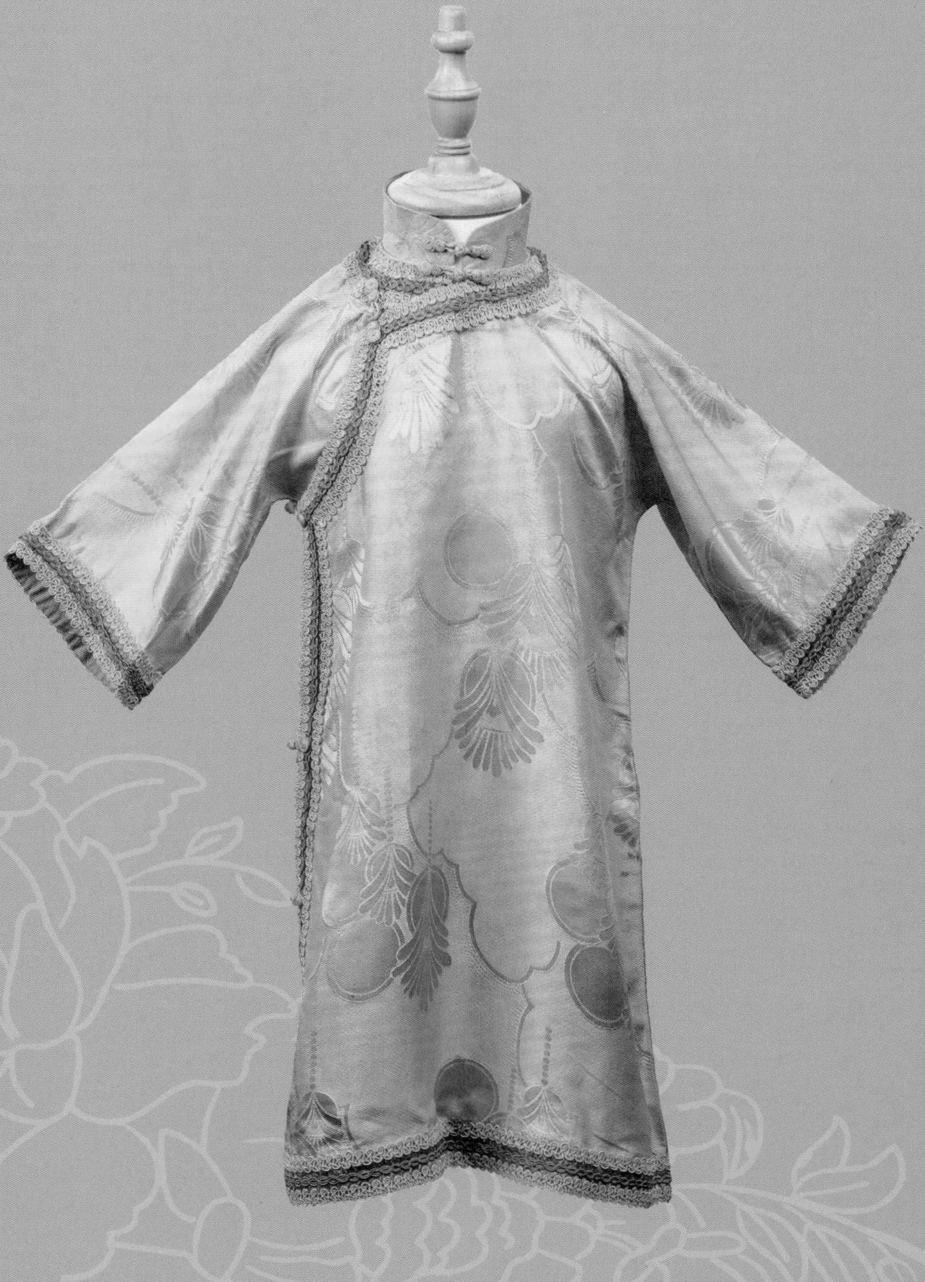

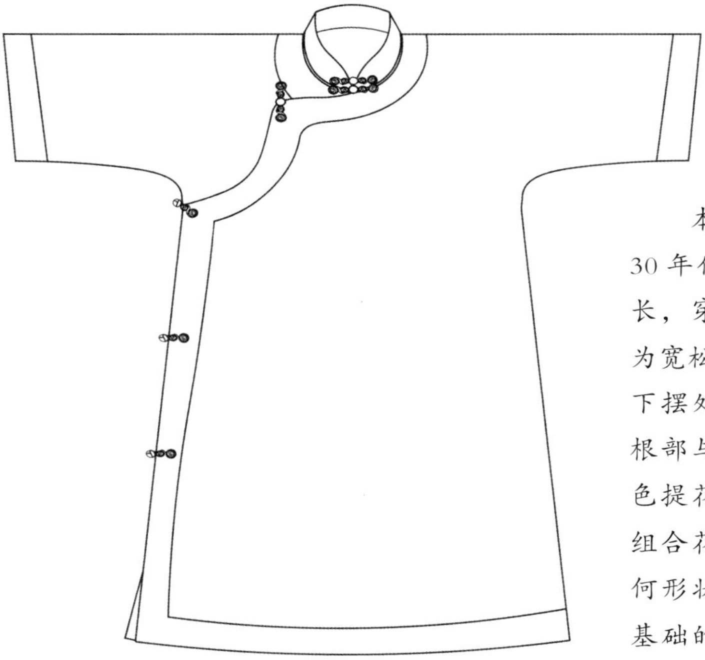

本件旗袍为20世纪20年代末30年代初女童夏穿单旗袍，长度较长，穿着时长及小腿下部。衣身较为宽松，身侧腰、臀处无曲线轮廓，下摆处有弧度，袖子长及手腕，袖根部与袖口处大致同宽，面料为绿色提花织锦，花型为装饰艺术风格组合花卉，整体为波浪形不规则几何形状花纹，主体花型为以圆形为基础的不规则几何形状花卉，花卉边缘处有描边，尾部有圆形组成的线性图案。近观可见波浪形不规则几何边缘的散点分布呈现出近大远小、近疏远密的状态，背景布底呈现出网格状肌理，前身面料稍有泛黄褪色，衣服表面有污渍。前身花型朝向因连裁原因与后背花型朝向相反。领圈、大襟、底摆、袖口及侧边处有机织花边，花边外圈为黄色，内部为紫色。领底有两粒盘香扣，大襟、腋下分别有一粒盘香扣，身侧共有两粒盘香扣。

绿色地梅花纹织锦夹棉旗袍

档号 T001-09-0459

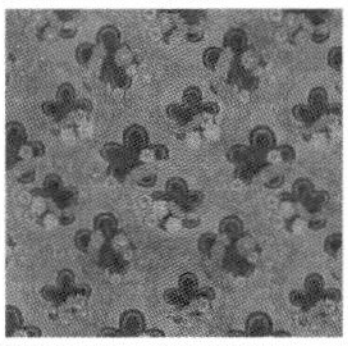

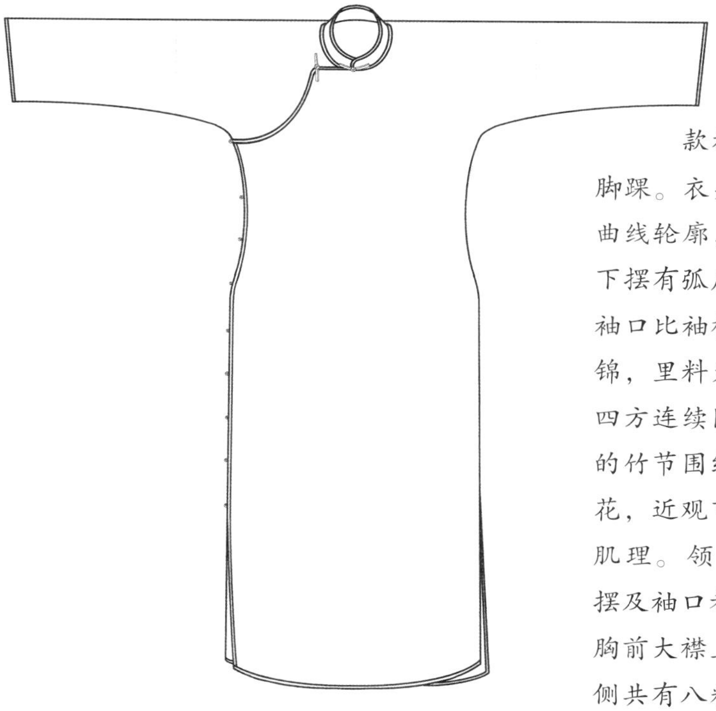

本件旗袍为20世纪20年代末30年代初秋冬穿厚款旗袍，长度较长，穿着时长及脚踝。衣身宽松，身侧腰、臀处几乎无曲线轮廓，臀部稍凸出，臀以下竖直，下摆有弧度。袖子长及手腕，袖型宽松，袖口比袖根部稍小。面料为绿色提花织锦，里料为夹棉。面料纹样为梅兰竹菊四方连续图案，黑色梅花四周由变形过的竹节围绕，竹节四周有散落的彩色小花，近观可见面料底布图案有绿白条纹肌理。领边、领圈、大襟、侧摆、底摆及袖口都有黑色绲边条做装饰。领底、胸前大襟上、腋下各有一粒一字扣，身侧共有八粒一字扣。面料与里料在侧摆处缝合，底摆处不缝合。

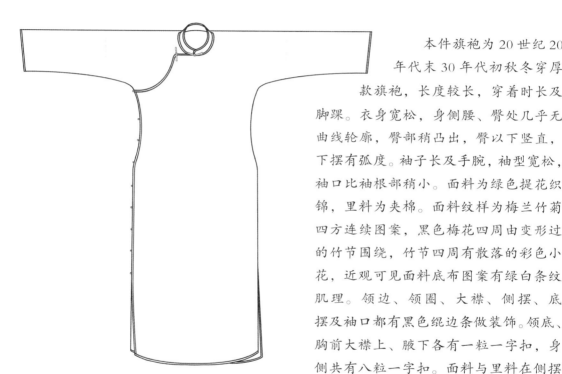

绿色地植物纹织锦夹童旗袍

档号 T001-09-0450

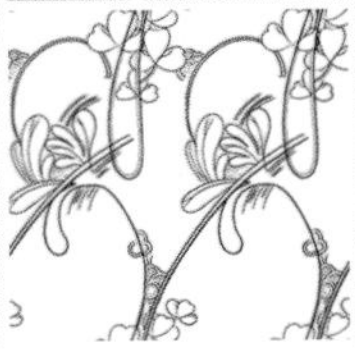

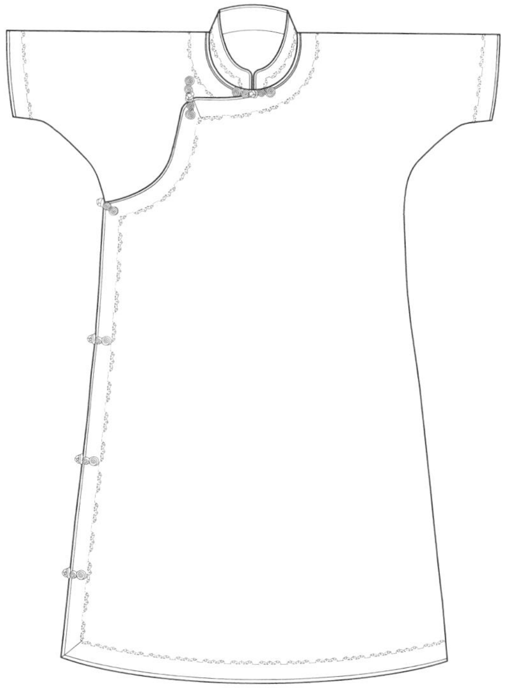

本件旗袍为20世纪30年代女童夏穿夹旗袍，长度较长，穿着时长及小腿下部。衣身较为宽松，身侧腰、臀处无曲线轮廓，下摆处有弧度。袖子稍短，袖口部比袖根部稍小。面料为绿色提花织锦，花型为装饰艺术风格组合花卉，整体为三叶草与几何曲线组合花卉图案。三叶草呈五朵组合出现，两朵稍大与三朵稍小的三叶草呈现互相遮挡交错的排列方式。整组三叶草与曲线进行了重合，重合处由新几何图案进行填充。三叶草与曲线的边缘处均有金色描边，圆形几何图案内部有散点填充，曲线末端有延展花卉与前一曲线进行交错。近观可见面料有折线形几何纹肌理，前身面料稍有泛黄褪色，衣服表面有污渍。前身花型朝向因连裁原因与后背花型朝向相反。领边、领圈、大襟、底摆、袖口及侧边处有花边做装饰。领底、大襟、腋下分别有一粒盘香扣，身侧共有三粒盘香扣。里衬为米白色真丝绸，底摆处内侧的里衬贴边为条纹面料。

米白色地暗碎花纹提花绸旗袍

档号 T001-09-0463

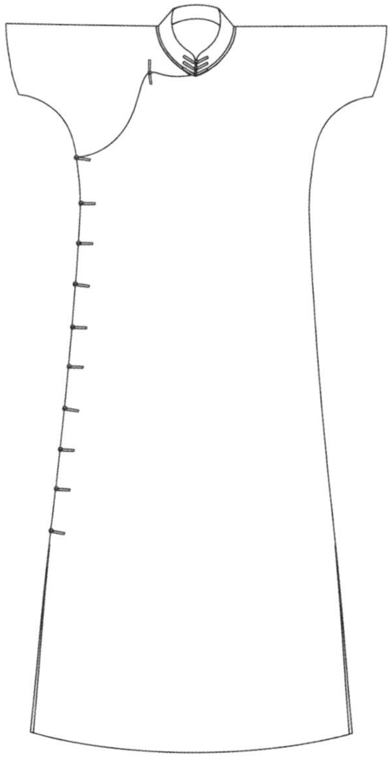

本件旗袍为20世纪30年代夏穿单旗袍，长度较长，穿着时长及脚踝。衣身较为宽松，身侧腰、臀处几乎无曲线轮廓，下摆有弧度。袖子为短袖，袖型较为宽松，袖口部稍窄于袖根部。面料为米白色提花真丝绸，无里衬。面料纹样为散点碎花纹，每个纹样由三朵小碎花组成。花芯处有散点做花蕊装饰，花朵上方有叶子与枝条。前身花朵朝向因连裁原因与后背花朵朝向相反。领圈饰有与衣身面料相同的细包边。领口有三粒一字扣，胸前大襟上、腋下各有一粒一字扣，身侧共有九粒一字扣，最后一粒与左侧开衩同高。领子较高，衬托女性高颈。

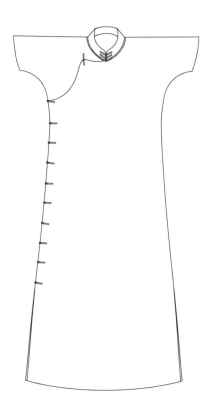

档号 T001-09-0396

豆绿色地暗花卉纹织锦夹旗袍

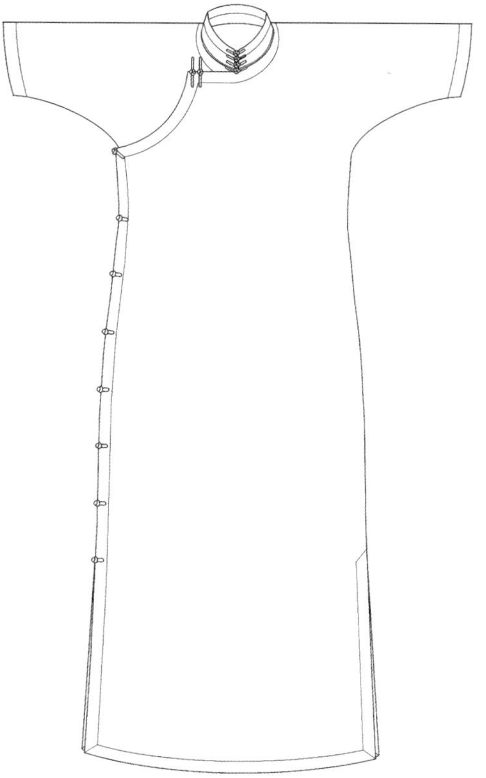

本件旗袍为20世纪30年代中晚期夏穿旗袍，长度较长，穿着时长及脚踝。衣身宽松，轮廓呈直线，臀部开始稍放宽，臀以下竖直。袖子笔直，穿着时位于肘部以上。面料为豆绿色提花织锦，里料为淡黄褐色真丝绸。面料提花纹样为山茶花叶，花瓣多层重叠，外有一圈叶片，周围空隙有圆点装饰。领边、大襟、侧摆、底摆及袖口饰有与衣身纹样同色的光泽感宽包边。领圈内侧饰有细包边，外侧饰有宽包边。系合处用到一字扣和按扣。一字扣面料与包边面料一致，领面上三粒，领底一粒，胸前大襟上两粒，腋下一粒，身侧七粒。另外，在大襟上和腋下分别设置两粒和一粒按扣。开衩较高，方便行走。

米白色真丝绸旗袍

档号 T001-09-0380

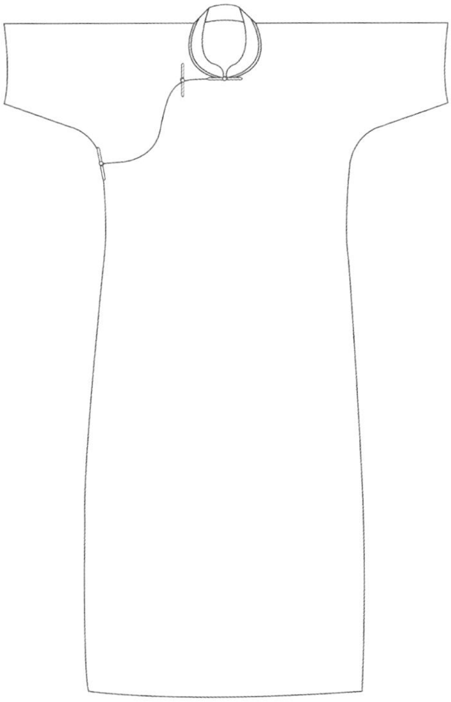

本件旗袍为20世纪30年代末期40年代初期春秋穿薄款旗袍，长度较长，穿着时长及脚踝。衣身宽松，身侧腰、臀处几乎无曲线轮廓，臀部稍凸出，臀以下竖直，下摆有弧度。袖型为宽松短袖，袖口稍小于袖根部。面料为米白色真丝绸，有光泽，整体稍有泛黄，前身有污渍。领圈饰有与衣身面料相同的细包边。领底、大襟、腋下均有一粒一字扣，大襟里侧有一粒按扣，身侧有三粒按扣，下摆开衩较低。

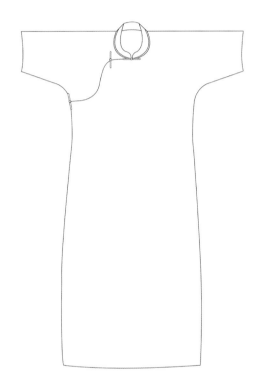

彩色条纹真丝绸旗袍

档号 T001-09-0447

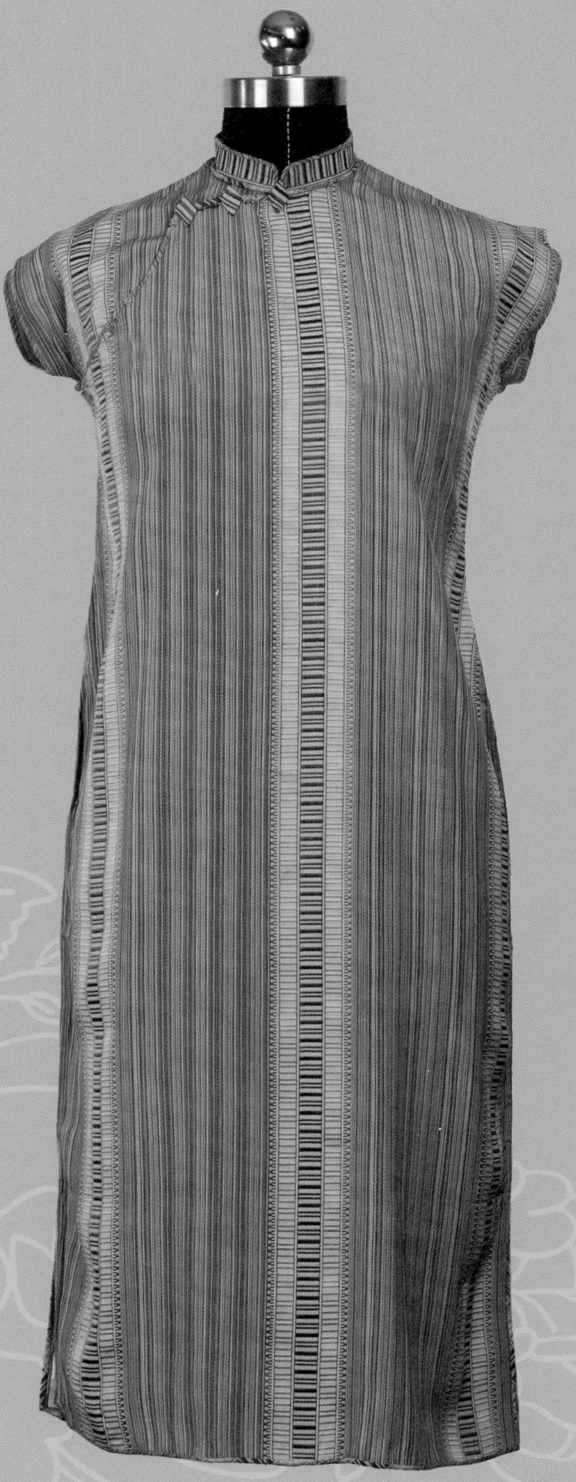

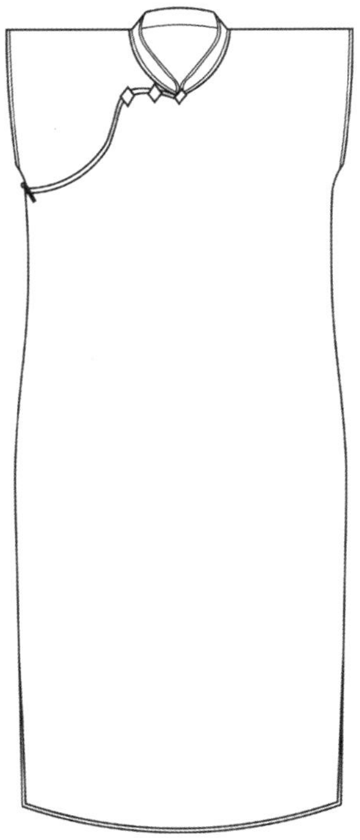

本件旗袍为20世纪40年代夏穿单旗袍，长度较短，穿着时长及膝盖。衣身较为宽松，身侧腰、臀处稍有曲线轮廓，下摆有弧度。连肩短袖，领子较低。面料为机织条纹真丝绸，无里衬。面料纹样为粗细条纹循环纹样，主条纹是由粉色、黄色、蓝色横条纹填充的粗条纹，粉色边缘呈虚线状条纹，黄、蓝条纹呈不规则排列。近观可见四周辅条纹由蓝、黑、白相间的粗细不一的竖条纹组成。领口、胸前大襟共有三粒蓝色条纹本布包布扣，包布扣形状为菱形。领口包布扣下设置一粒风纪扣，大襟两粒包布扣下设置两粒按扣，腋下有一粒一字扣，身侧有两粒按扣。领边、领圈、大襟、侧摆、底摆及袖口均饰有本布包边。

档号 T001-09-0422

秋香绿色牡丹花纹刺绣绉夹旗袍

本件旗袍为20世纪40年代夏穿薄款旗袍，长度中等，穿着时长及小腿中部。衣身宽松合体，身侧腰、臀处稍有曲线轮廓，臀部稍凸出，臀以下竖直，下摆有弧度。连肩短袖，穿着时露出大部分手臂。面料为秋香绿绣花绉，垂感与凉感俱佳，里料为同色真丝绸。刺绣纹样为折枝牡丹花，花叶的轮廓用金色绣线勾勒，花朵内填充墨绿色真丝绒面料，叶内沿叶脉方向填充深绿、浅绿和白三色条纹刺绣。七个折枝散布正面衣身，背面衣身纹样与正面纹样完全一致，两肩膀处另各有一折枝。领边、领圈、大襟、侧摆、底摆及袖口都饰有与面料颜色相近的浅绿色细包边。系合处用到一字扣、按扣和风纪扣，领面一粒风纪扣，领底、胸前大襟上、腋下各有一粒一字扣，身侧有三粒按扣。里料与面料大小相同，两者在侧摆处缝合，底摆处不缝合。色调浅淡清新，夏季穿着有清凉之感。

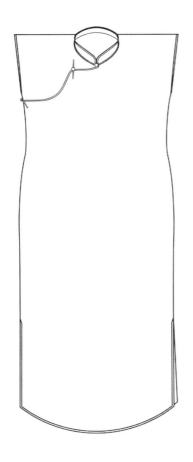

浅紫色地叶子与果实纹织锦夹旗袍

档号 T001-09-0427

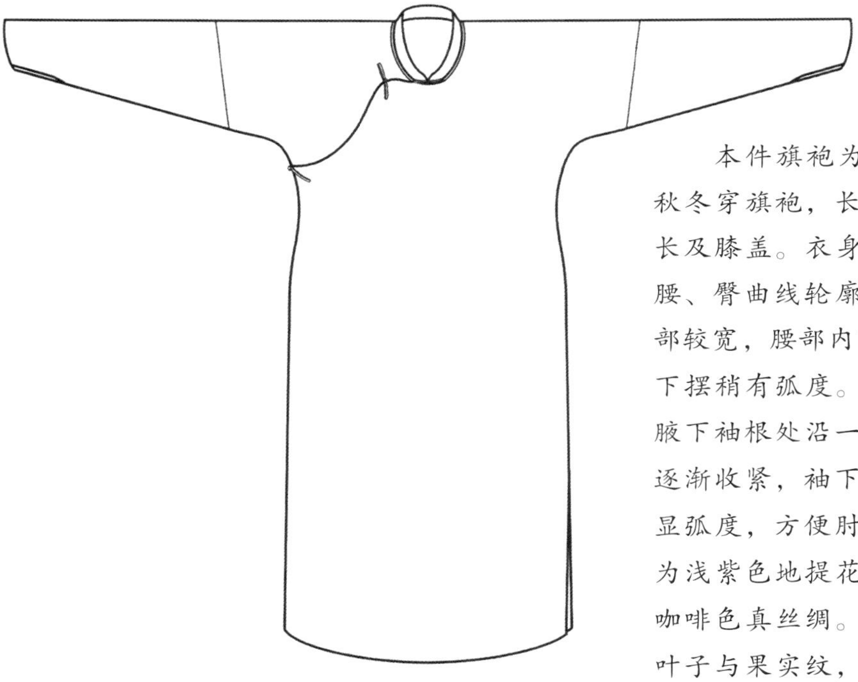

本件旗袍为20世纪40年代秋冬穿旗袍，长度较短，穿着时长及膝盖。衣身合体，身侧胸、腰、臀曲线轮廓明显，胸部、臀部较宽，腰部内凹，臀以下竖直，下摆稍有弧度。袖子长及手腕，腋下袖根处沿一条弧线向袖口处逐渐收紧，袖下曲线在肘部有明显弧度，方便肘关节活动。面料为浅紫色地提花织锦，里料为浅咖啡色真丝绸。面料提花纹样为叶子与果实纹，五瓣大圆叶和螺旋状细叶横向间隔排列，两种叶片间间隔装饰红、黄、蓝三色的圆形成簇小果实。领圈饰有与衣身面料相同的细包边，领边、大襟、侧摆、底摆、袖口等处无包边装饰。半开襟，小开衩。系合处用到一字扣、风纪扣和按扣。一字扣由与衣身相同的面料制成，领底、胸前大襟上、腋下各一粒。大襟设有一粒按扣，身侧设有四粒按扣。领面一粒风纪扣。下摆处开衩较低。袖口也有开衩，左右袖口各设置两粒按扣，方便穿脱。面料纹饰繁复，适合身材丰满的中老年女性在重要场合穿着。

米白色地菊花纹印花绢夹旗袍

档号 T001-09-0428

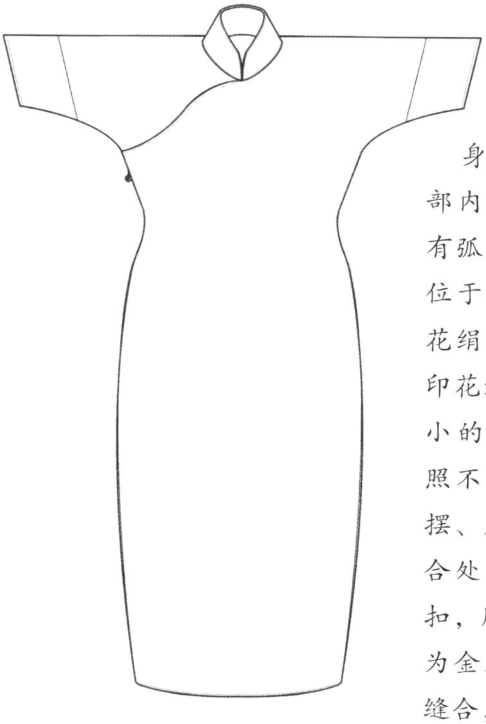

本件旗袍为20世纪40年代夏穿旗袍，长度较长，穿着时长及小腿下部。衣身合体，身侧胸、腰、臀曲线轮廓明显，腰部内凹，臀部凸出，臀以下逐渐收紧，下摆稍有弧度。半袖，袖根到袖口逐渐变窄，穿着时位于肘部以上。面料为米白色地彩色花卉纹印花绢，光泽感强，里料为浅绿色真丝绸。面料印花纹样为菊花纹，运用漆印工艺，将相同大小的菊花印成红、绿、蓝、褐四种颜色，按照不同方向均匀排布。领边、领圈、大襟、侧摆、底摆、袖口等处无包边装饰，半开襟，系合处用到风纪扣、按扣和拉链。领口两粒风纪扣，胸前大襟上四粒按扣，腋下一粒按扣，身侧为金属拉链。里料与面料等大，两者在侧摆处缝合，底摆处不缝合。身侧有胸省，领子较高。曲线轮廓与胸部省道①的使用很好地塑造了旗袍的立体造型。

---

① 省道：服装设计名词，“繲道”的简写，发音为sǎng dào，专指为适合人体或造型需要，服装技术中通过捏进和折叠面料边缘，让面料形成隆起或者凹进的特殊立体效果的结构设计。按功能和形态可以分为肩省、领省、袖窿省、腰省、胸省等。

档号 T001-09-0371

灰色地蓝花印花双绉旗袍

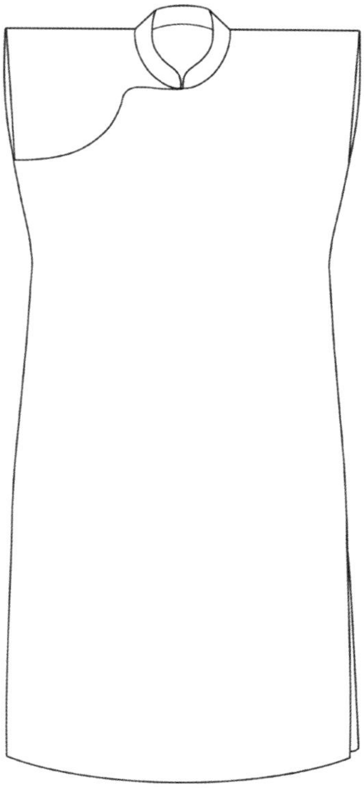

本件旗袍为20世纪50年代晚期夏穿单旗袍，是一件海派风格精品旗袍，长度较短，穿着时长及膝盖。衣身较为合体，身侧腰、臀处有曲线轮廓，下摆处有弧度，连肩短袖，领子稍低。面料为真丝印花双绉，无里衬。面料纹样为蓝色花卉，花瓣内有黑色描边，花瓣由内而外由深蓝色向浅蓝色过渡，中间有由深到浅的蓝色散点做柔和的渐变，花蕊处由深蓝、浅蓝、黑色相间组成，叶子部分为黑色叶脉，浅蓝色打底，深蓝色做过渡。整体花卉呈现不规则朝向的散落的四方连续图案。领口、胸口大襟处、身侧分别有两粒、三粒、四粒按扣。领边、领圈、大襟、侧摆、底摆及袖口均无包边。

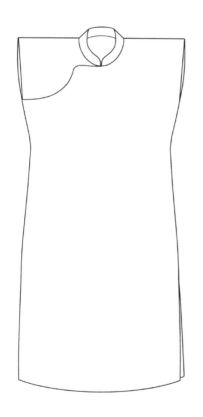

档号 T001-09-0399

绿色地暗五福捧寿纹提花缎夹旗袍

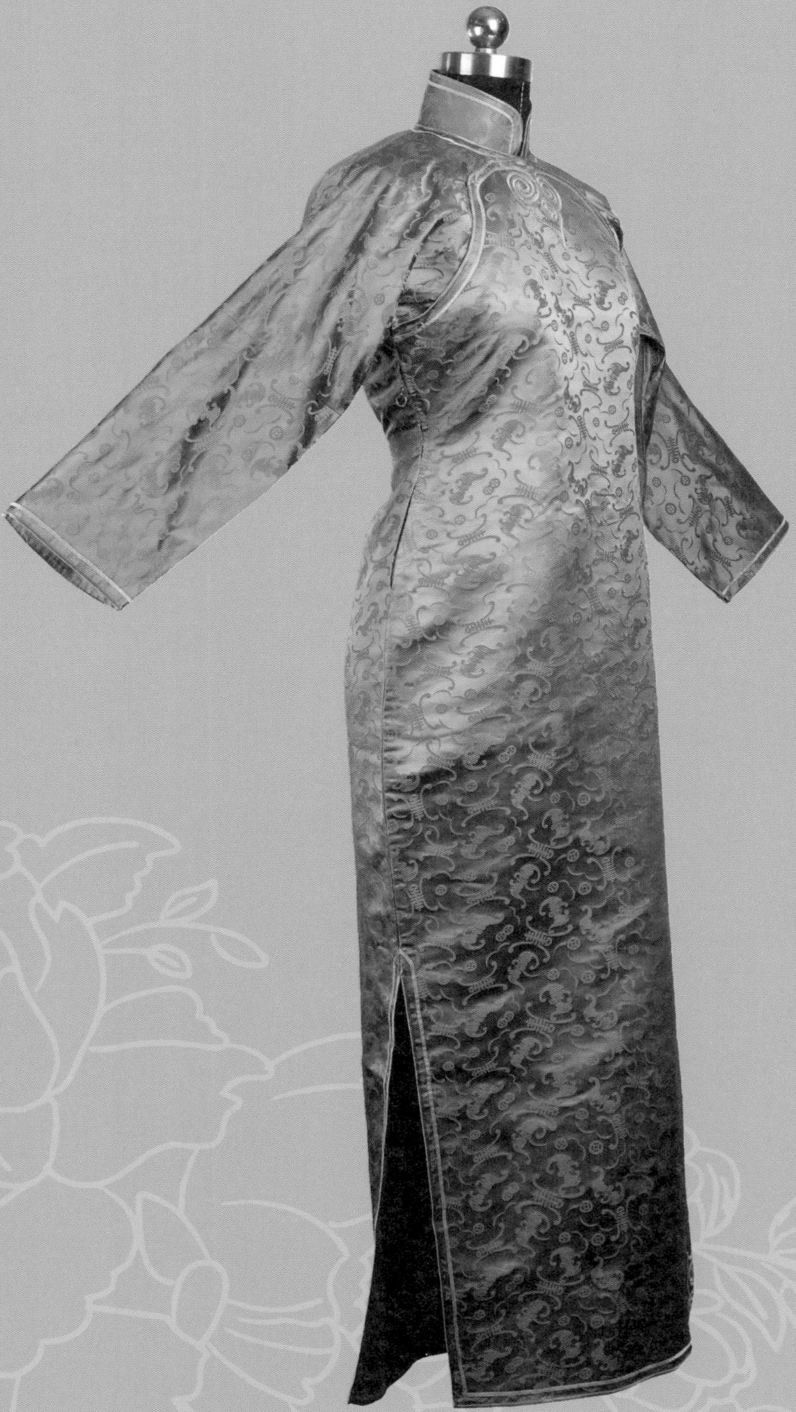

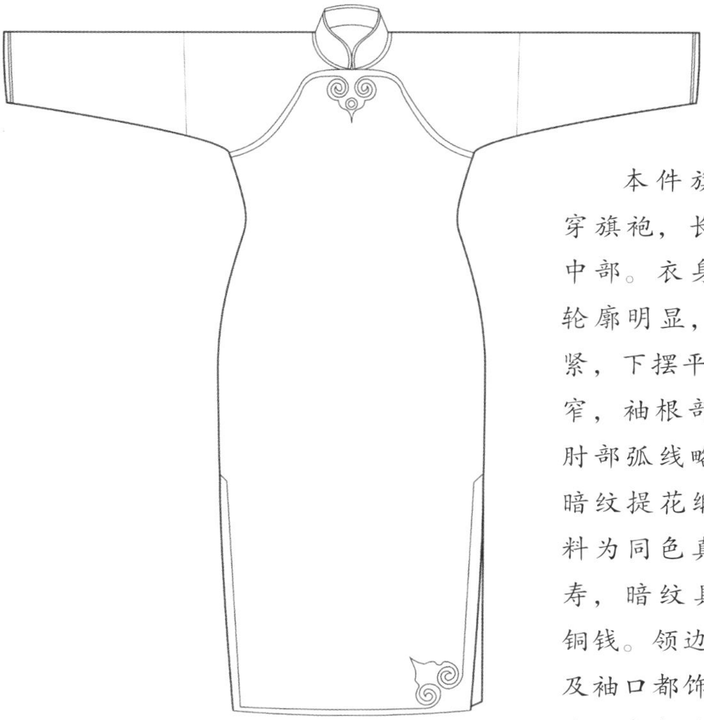

本件旗袍为20世纪50年代春秋穿旗袍，长度中等，穿着时长及小腿中部。衣身合体，身侧腰、臀处曲线轮廓明显，臀部凸出，臀以下逐渐收紧，下摆平直。袖子长及手腕，袖型紧窄，袖根部沿曲线逐渐向袖口变窄，肘部弧线略凸出。面料为绿色万福纹暗纹提花缎，经过上浆硬挺处理，里料为同色真丝绸。面料纹样为五福捧寿，暗纹具体包括蝙蝠、“寿”字与铜钱。领边、领圈、双襟、侧摆、底摆及袖口都饰有浅绿与金黄两色细包边，浅绿色包边在外，金黄色包边在内，在领下部与下摆处盘成内含铜钱的如意纹。系合处用到风纪扣、按扣和拉链，领面一粒风纪扣，领底、腋下各一粒按扣，胸前大襟上三粒按扣，身侧为拉链。里料与面料大小相同，两者在侧摆处缝合，底摆处不缝合。领子较高，装饰元素夸张且色彩艳丽，面料光泽感较强，适用于礼仪场合。

浅绿色地牡丹花纹提花罗夹旗袍

档号 T001-09-0374

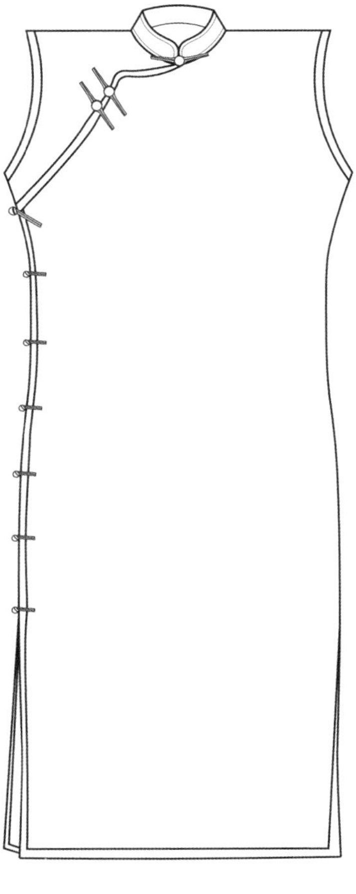

本件旗袍为现代夏穿夹旗袍，长度较短，穿着时长及膝盖。衣身较为合体，身侧腰、臀处稍有曲线轮廓，臀部稍凸出，臀以下竖直，下摆平直，无袖。面料为真丝罗，面料花型为牡丹缠枝花型，牡丹花瓣有不同纹理的描边，花蕊处为散点圆形，牡丹花的叶子呈现卷曲状态，叶子四周均有不同肌理的描边，花瓣形态较为舒展，枝头末端有牡丹花苞穿插。近观可见描边处均有条纹，布底面料呈现网格状态。从整体上看，牡丹花呈白色，其余部分为淡绿色。领口、腋下分别有一粒一字扣，大襟处有两粒并排一字扣，身侧共有六粒一字扣，最后一粒扣子与左侧开衩同高，大襟设置三粒按扣。一字扣均为暗绿色，边缘处呈现亮粉色撞色，领边、领圈、大襟、侧摆、底摆及袖口处均有暗绿色包边，包边条中心处有亮粉色细撞色条，对比强烈。双层里衬，中间层为黄绿色，与面料大小相同，最里层稍短于面料，为白色真丝绸。

档号 T001-09-0455

白色地牡丹花纹手绘真丝缎旗袍

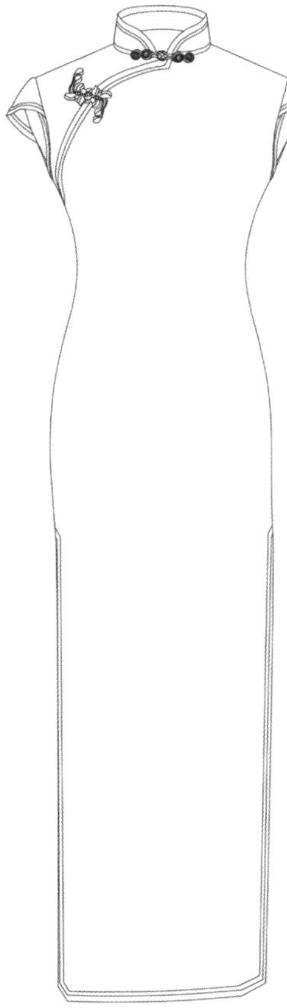

本件旗袍为现代夏穿长旗袍，长度较长，穿着时长及脚踝。衣身较为合体，身侧腰、臀处稍有曲线轮廓，腰部微收，臀部稍凸出，臀以下竖直，下摆稍有弧度。袖子较短，袖型宽松，稍有收口。面料为手绘真丝绸，大身前侧有形态各异的手绘牡丹花，有黄色、橘色、粉色、浅橘色与淡黄色五种颜色，靠近下摆处有两簇手绘兰花。近观可见手绘部分均有水墨画感。领口有一粒盘香扣，大襟处有一粒花扣。门襟为假襟，不能开合。背后装有隐形拉链，方便穿脱。下摆处开衩较高。领边、大襟、侧摆、底摆及袖口均有深绿色包边，包边边缘处有红色细条，领圈有红色包边。

芳华掠影 FANGHUA LÜEYING

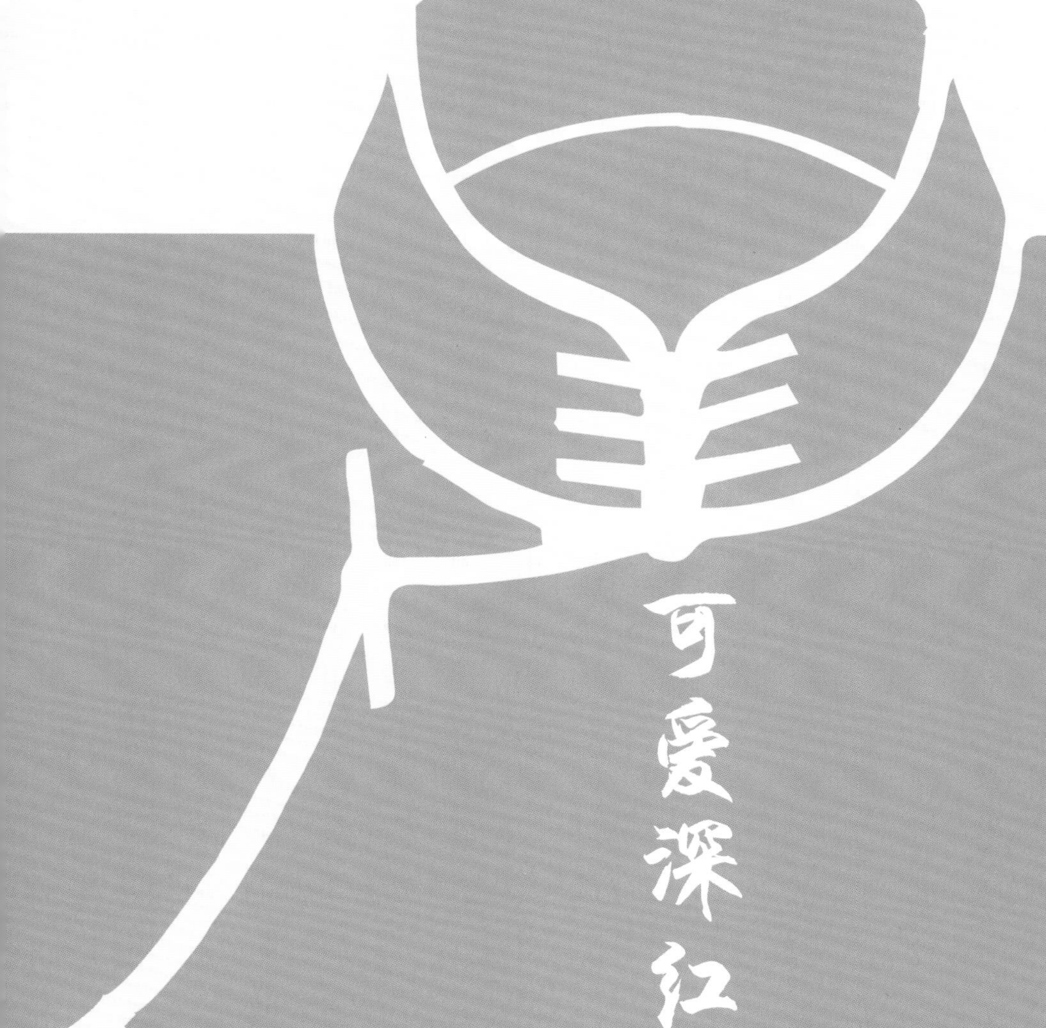

可爱深红爱浅红

浅咖啡色地菠萝花叶纹提花绸夹旗袍

档号 T001-09-0431

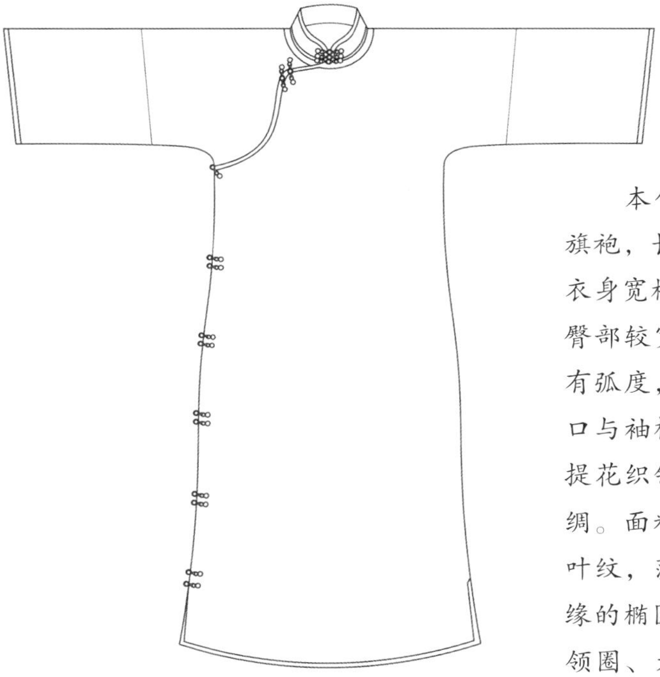

本件旗袍为20世纪20年代春秋穿旗袍，长度中等，穿着时长及小腿中部。衣身宽松，身侧腰、臀处稍有曲线轮廓，臀部较宽，臀以下开始逐渐放宽，下摆有弧度，呈A字摆。袖子长及手腕，袖口与袖根同宽。面料为浅咖啡色菠萝纹提花织锦，里料为浅紫色暗纹提花真丝绸。面料提花纹样为新艺术风格菠萝花叶纹，菠萝花在上叶在下，花为波浪边缘的椭圆形，叶片长曲呈羽毛状。领边、领圈、大襟、侧摆、底摆及袖口饰有浅蓝绿色包边。系合处用到盘扣，材质与包边相同，盘成由一个小圆和一个大圆组成的葫芦形，领面两粒，领底一粒，胸前大襟上两粒，腋下一粒，身侧五组，每组两粒，开衩极低，最后一组盘扣与左侧开衩同高。面料包覆里料，两者在侧摆与底摆处缝合，工艺精良。

暗红色地花卉纹印花绸夹童旗袍

档号 T001-09-0451

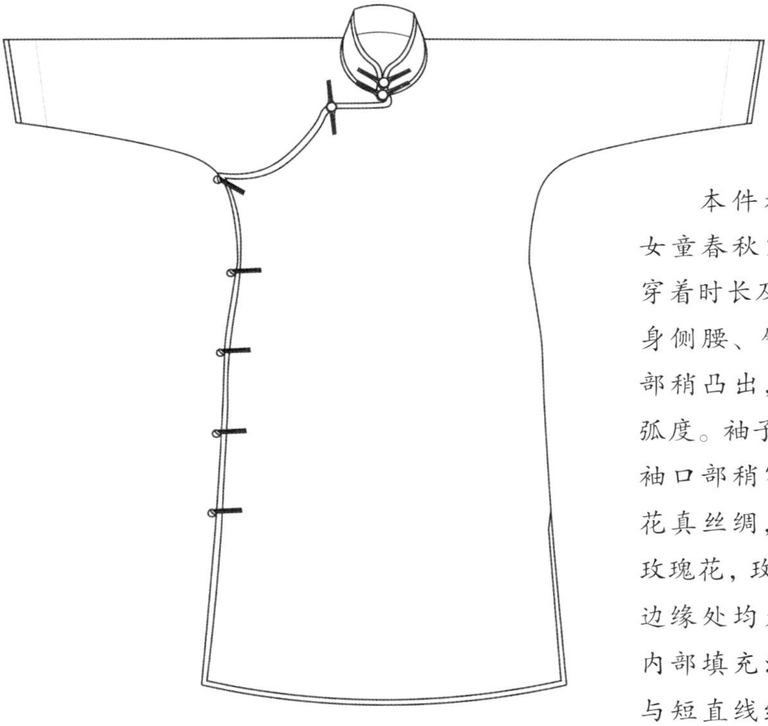

本件旗袍为20世纪30年代女童春秋穿夹旗袍，长度较长，穿着时长及脚面。衣身较为宽松，身侧腰、臀处稍有曲线轮廓，臀部稍凸出，臀以下竖直，下摆有弧度。袖子长及手腕，袖型宽松，袖口部稍窄于袖根部。面料为印花真丝绸，花型为装饰艺术风格玫瑰花，玫瑰花为几何折线风格，边缘处均为黄色折线描边，花朵内部填充浅紫色，花芯处为圆形与短直线组成的浅黄色花蕊。玫瑰花呈现出不规则散落状态。近观可见面料花型背景为竖直平行排列的虚线。前身花型朝向因连裁原因与后背花型朝向相反。领边、领圈、大襟、袖口、侧摆及底摆处有咖啡色包边，领口有两粒一字扣，大襟、腋下各有一粒一字扣，身侧共有四粒一字扣，最后一粒扣与左侧开衩同高。里衬为暗红色真丝绸，里料与面料大小相同，两者在侧摆、底摆处均缝合。

咖啡色地蒲公英纹织锦夹旗袍

档号 T001-09-0462

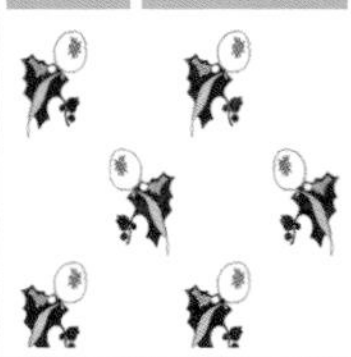

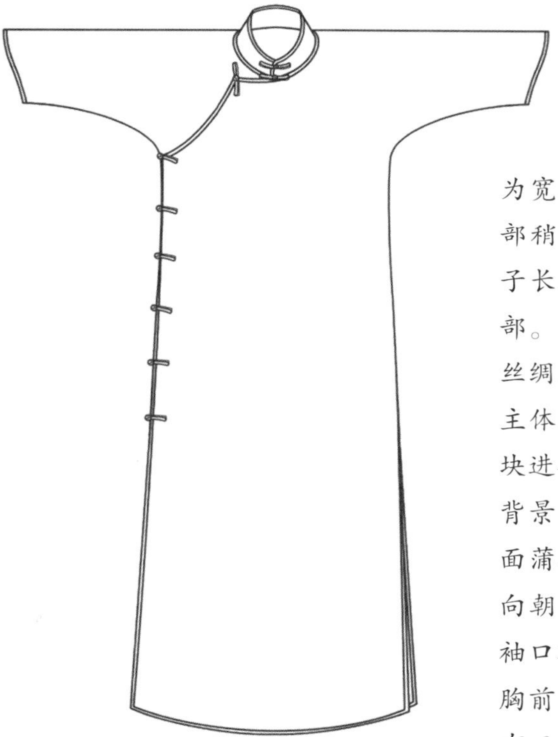

本件旗袍为20世纪30年代春秋穿夹旗袍，是一件海派风格精品旗袍，长度较长，穿着时长及脚踝。衣身较为宽松，身侧腰、臀处几乎无曲线轮廓，臀部稍凸出，臀部以下竖直，下摆有弧度。袖子长及小臂，袖型宽松，袖口部稍窄于袖根部。面料为咖啡色提花织锦，里料为白色真丝绸。面料纹样为新艺术风格四方连续图案，主体元素为抽象几何化蒲公英，由咖啡色色块进行装饰，蒲公英后方有花枝色块做装饰，背景由不规则散点与爱心图案组成。衣身正面蒲公英为正向，背面因连裁原因蒲公英方向朝下。领边、领圈、大襟、侧摆、底摆及袖口有深咖啡色绲边条做装饰。领面、领底、胸前大襟上、腋下各有一粒一字扣，身侧共有五粒一字扣。面料与里料在侧摆处缝合，底摆处不缝合。

暗橘色地几何纹印花绢夹棉旗袍

档号 T001-09-0403

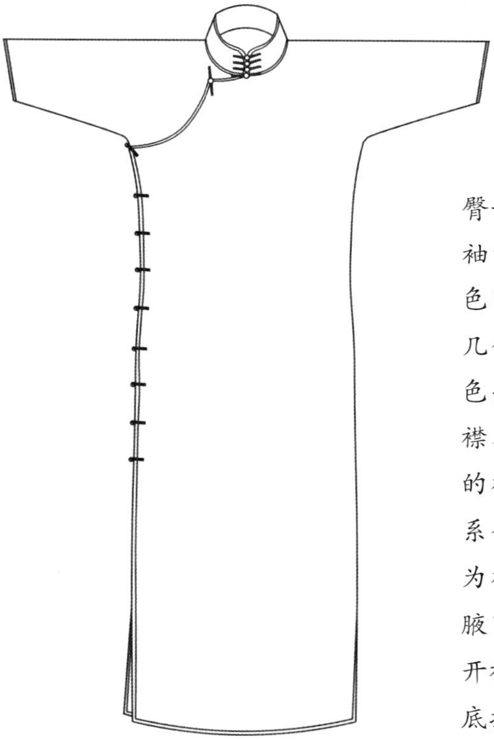

本件旗袍为20世纪30年代春秋穿薄款旗袍，长度较长，穿着时长及脚踝。衣身宽松，身侧腰、臀处几乎无曲线轮廓，臀部稍凸出，臀以下竖直，下摆有弧度。半袖，袖型紧窄，穿着时位于肘部以上。面料为暗橘色印花绢，里料为浅白色真丝绸。面料纹样为几何图案，每组图案由黄色正三角形和三条白色短线组成，朝向各不相同。领边、领圈、大襟、侧摆、底摆及袖口都饰有与面料颜色相近的橘色细包边，紧贴橘色包边的为白色包边。系合处用到一字扣，一字扣材质与包边相同，为橘白两色，领面三粒，领底、胸前大襟上、腋下各有一粒，身侧八粒，最后一粒扣与左侧开衩同高。里料与面料大小相同，两者在侧摆、底摆处均不缝合。领子较高，衬托女子高颈。

暗粉色地叶子纹提花绢夹旗袍

档号 T001-09-0413

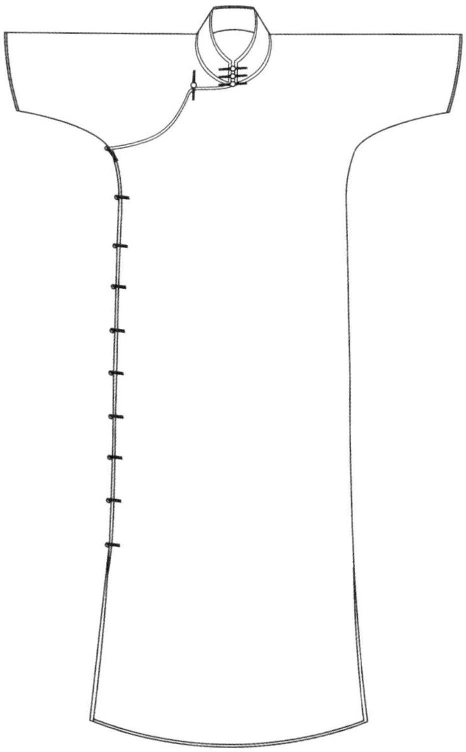

本件旗袍为20世纪30年代夏穿旗袍，长度较长，穿着时长及脚踝。衣身宽松合体，身侧腰、臀处稍有曲线轮廓，臀部凸出，臀以下稍放宽，下摆有弧度。半袖，袖根处宽，袖口稍窄，穿着时覆盖肘部以上手臂。面料为暗粉色地绿色叶子纹提花绢，哑光粗糙质感，里料为同色真丝绸。面料纹样为四方连续叶子纹，左右斜向相交，形成正方格，叶子内填充黄绿色，叶子两边轮廓线有闪亮光泽，一边黄绿色，一边粉色。领边、领圈、大襟、侧摆、底摆及袖口都饰有用衣身同种面料制成的细包边。系合处用到一字扣，领面两粒，领底、胸前大襟上、腋下各一粒，身侧九粒。里料与面料大小相同，两者在侧摆处缝合，底摆处不缝合，里料内包覆白色衬料。面料图案精致，配色恬淡，适合年轻女士。

暗红色地玫瑰花纹提花绸夹旗袍

档号 T001-09-0465

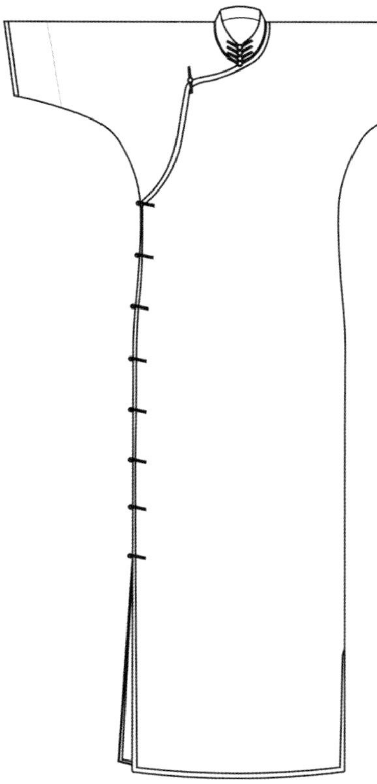

本件旗袍为20世纪30年代中晚期春秋穿夹旗袍，长度较长，穿着时长及脚面。衣身较为宽松，身侧腰、臀处稍有曲线轮廓，臀部稍凸出，臀以下竖直，下摆有弧度。袖子长及小臂，袖型宽松，袖口部稍窄于袖根部。面料为提花真丝绸，花型为新艺术运动风格玫瑰花。共有两种造型，花朵方向相反。同一造型的玫瑰花横向排列，两种造型的玫瑰花一排排交错排列。其中一种造型的玫瑰花瓣圆润，有金色描边，描边处由细到粗再到细，花蕊处为典型放射状几何形状纹样，每片花瓣内部填充有深红色平行排线。另一种造型的玫瑰花外部花瓣的描边呈现波浪状，花蕊内部线条互相穿插。叶片圆润，枝条纤细。背景的几何花型为分布紧密的小型花卉。近观可见花卉描边处有条纹肌理。领边、领圈、大襟、侧摆、底摆及袖口处均有玫瑰花本布包边，边缘处有金色细包边。领口有三粒一字扣，领底、大襟、腋下分别有一粒一字扣，身侧共有七粒一字扣。里衬为粉色真丝绸面料，边缘处呈波浪线并有绲边。

粉色地白色和棕色花纹印花绉夹棉旗袍

档号 T001-09-0429

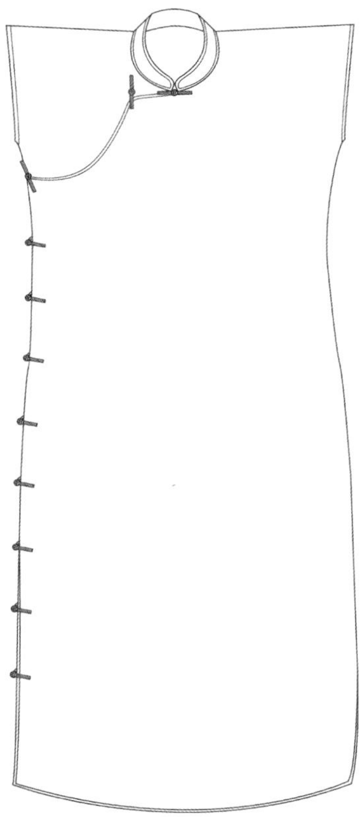

本件旗袍为20世纪40年代春秋穿旗袍，长度中等，穿着时长及小腿中部。衣身宽松合体，身侧腰、臀处稍有曲线轮廓，臀部稍凸出，臀以下竖直，下摆稍有弧度。连肩短袖，穿着时露出大部分手臂。面料为粉色地白色、棕色花纹印花绉，垂感较好，里料为蓝色真丝绸。面料印花纹样为碎花，花瓣形状为三角锯齿形，花朵有白色、棕色两色。领边、领圈、大襟、侧摆、底摆及袖口都饰有深红棕色细包边。系合处用到一字扣，领底、胸前大襟上、腋下各有一粒，身侧八粒，最下方一粒扣与左侧开衩同高。里料与面料大小相同，两者在侧摆处缝合，底摆处不缝合。领子较低，后领与腋下均有磨损，衣身正面稍有褪色。

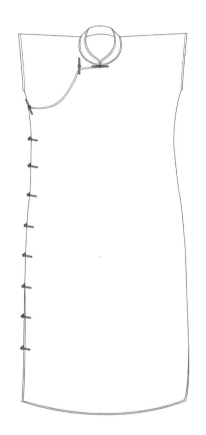

档号 T001-09-0421

大红色地几何纹织锦夹棉旗袍

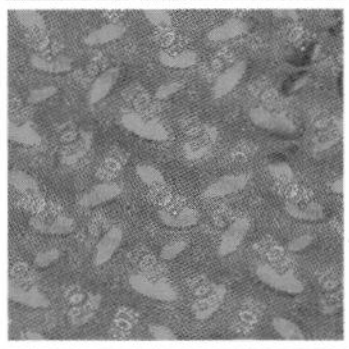

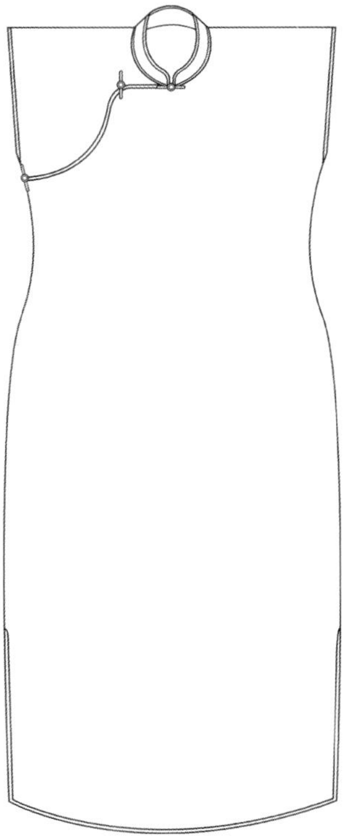

本件旗袍为20世纪40年代春秋穿旗袍，长度中等，穿着时长及小腿中部。衣身合体，身侧腰、臀处有曲线轮廓，臀部稍凸出，臀以下竖直，下摆有弧度。连肩短袖，穿着时露出大部分手臂。面料为大红色地几何杂花纹提花织锦，里料为暗红色真丝绸。面料纹样为几何纹，几何形状有椭圆和长方形两种。大小不同的椭圆散乱排布，椭圆内为红色丝绸底布，具有反光效果。长方形位于椭圆上，由花朵和曲线组成镂空状。几何形外的空隙为密集卷曲纹。领边、领圈、大襟、侧摆、底摆及袖口都饰有与面料颜色相近的暗红色细包边。系合处用到一字扣和按扣，领底、胸前大襟上和腋下各有一粒一字扣，大襟上、身侧设有按扣。里料与面料大小相同，两者在侧摆处缝合，底摆处不缝合。

黑色地红色花纹织锦夹棉旗袍

档号 T001-09-0448

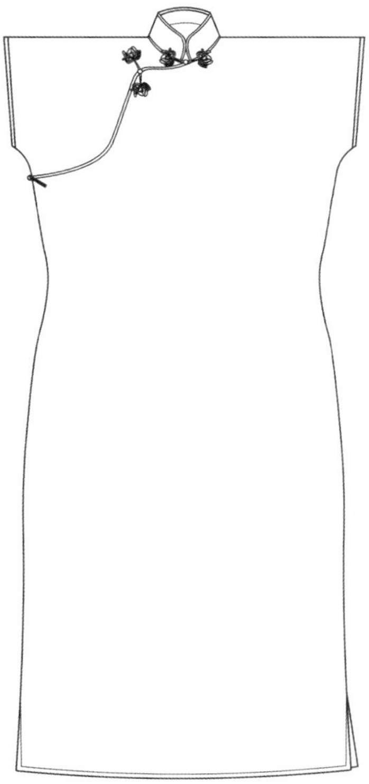

本件旗袍为20世纪40年代中后期秋冬穿厚款夹棉旗袍，长度较短，穿着时长及膝盖。衣身较为合体，身侧腰、臀处有曲线轮廓，下摆无弧度，连肩短袖。面料为提花织锦，里衬为黑色真丝绸，下摆处有破损。面料纹样为牡丹花纹与菊花纹。牡丹花呈现三朵一簇或三朵散落的形态，均为红色描边与黑色底色相间的形式。菊花花瓣有深红色和灰色两种，花蕊处为红色圆点。菊花置于牡丹花四周。近观可见整体花型有条纹肌理。领口、胸前大襟各有一粒花式盘扣，盘成半圆菊花形，腋下有一粒一字扣，大襟有一粒按扣，身侧共有两粒按扣。里料与面料大小相同。领边、领圈、大襟、侧摆、底摆及袖口均有黑色面料包边。

桃红色地团花纹刺绣绉夹旗袍

档号 T001-09-0405

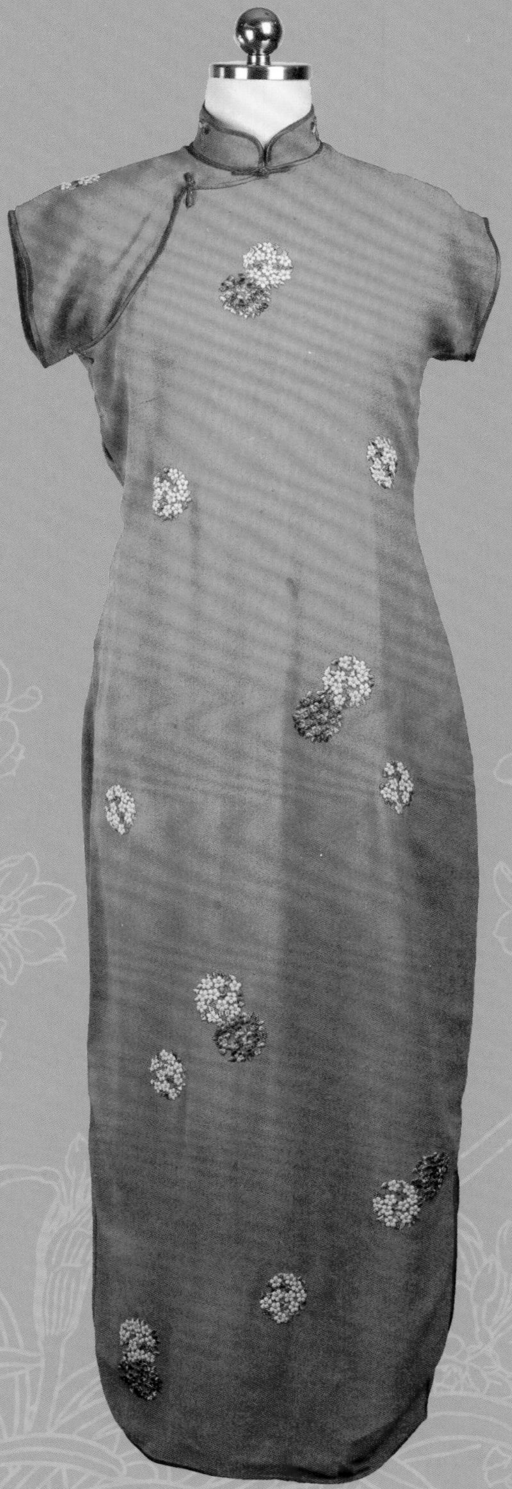

本件旗袍为20世纪40年代夏穿薄款旗袍，长度中等，穿着时长及小腿中部。衣身宽松，身侧腰、臀处有不明显曲线轮廓，腰部内凹，臀部稍凸出，臀以下竖直，下摆有弧度。连肩短袖，穿着时露出大部分手臂。面料为桃红色地团花纹（绣花）绉，垂感与凉感俱佳，里料为深红色真丝绸。面料纹样为手绣小团花纹，褐色团花与白色团花为一组或白色团花单独为一组，白色团花由小白花和绿叶组成，褐色团花由褐色渐变花与同色叶片组成。正面与背面的绣花排布完全相同，散乱排布，左右肩膀上各有一组团花且两者对称，领上绣有叶子纹样。领边、领圈、大襟、侧摆、底摆及袖口都饰有与面料颜色相近的红色细包边。系合处用到一字扣和按扣，领底、胸前大襟上、腋下各有一粒一字扣，领面有一粒按扣，身侧有四粒按扣。里料与面料大小相同，在侧摆处缝合，底摆处不缝合。该旗袍颜色鲜艳，刺绣精巧，适宜年轻女士穿着。

玫红色叶片纹镂空蕾丝旗袍

档号 T001-09-0412

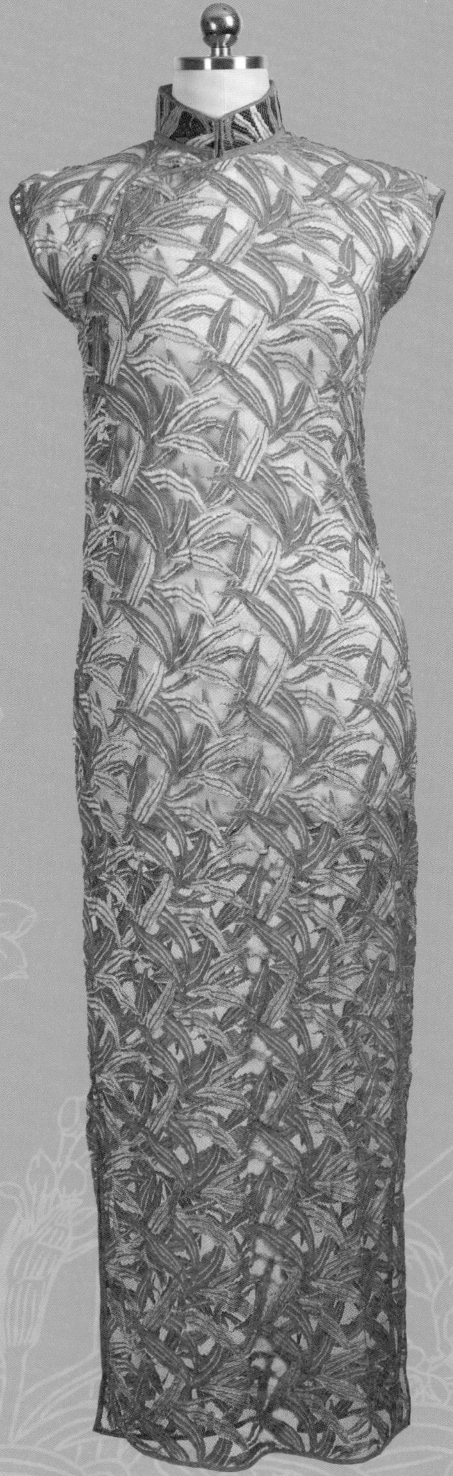

本件旗袍为20世纪40年代夏穿薄款旗袍，长度较长，穿着时长及脚踝。衣身合体，身侧腰、臀处几乎无曲线轮廓，臀部稍凸出，臀以下竖直，下摆稍有弧度。连肩短袖，穿着时露出大部分手臂。面料为镂空蕾丝，单层无里料，穿着时须着衬裙。面料纹样为叶片，叶片弯曲且细长如竹叶，有玫红和粉红两种颜色，内有两三道异色竖向叶脉，玫红色叶片与粉红色叶片交错。领边、领圈、大襟、侧摆、底摆及袖口都饰有与面料颜色相同的玫红色细包边。系合处用到按扣和风纪扣，领面两粒风纪扣，胸前大襟上、腋下、身侧为按扣。领子裁为尖角方形，领里为白色网纱面料，领面与领里之间为黑色定型硬衬。领上标签写有“云容妇女服装店　上海福煦路同孚路口”字样。

香槟色花叶纹镂空蕾丝旗袍

档号 T001-09-0409

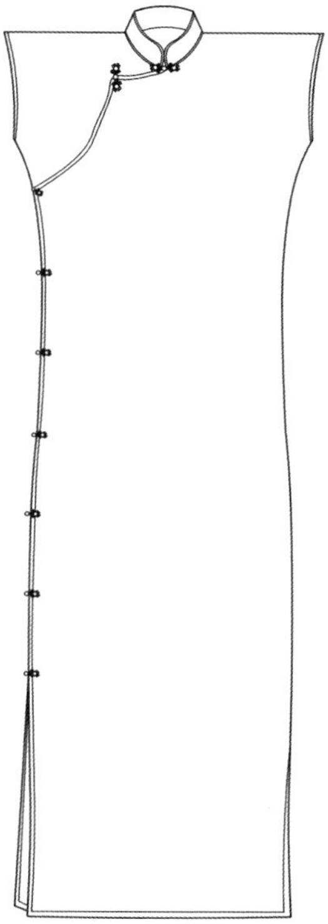

本件旗袍为20世纪40年代夏穿薄款旗袍，长度较长，穿着时长及脚踝。衣身合体，身侧腰、臀处有微小曲线轮廓，腰部稍内凹，臀部稍凸出，臀以下竖直，下摆平直。连肩短袖，穿着时露出大部分手臂。面料为香槟色镂空蕾丝，无里料，穿着时须配衬裙。面料纹样为花叶纹，花朵为规整排列的简单圆形，圆形空隙间布满细长椭圆状叶片，图案外为蕾丝网面。领边、领圈、大襟、侧摆、底摆及袖口都饰有与面料颜色相近的香槟色细包边。系合处用到花式盘扣和按扣，领底、胸前大襟上、腋下各有一粒盘扣，身侧有六粒盘扣，大襟有两粒按扣，身侧有一粒按扣。领子呈直立状态，内有硬衬。

大红色地金色叶子纹织锦夹棉旗袍

档号 T001-09-0410

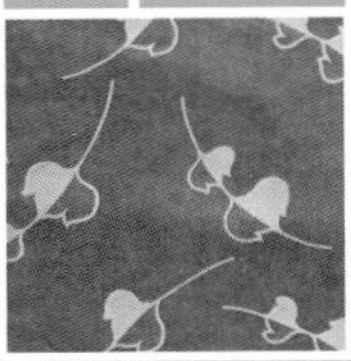

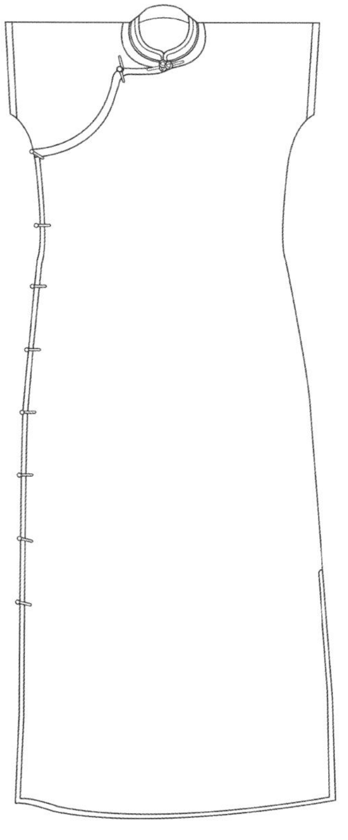

本件旗袍为20世纪40年代春秋穿旗袍，长度中等，穿着时长及小腿中部。衣身合体，身侧腰、臀处有曲线轮廓，臀部凸出，臀以下竖直，下摆平直。连肩短袖，穿着时露出大部分手臂。面料为大红色地金色叶子提花织锦，里料为红色真丝绸。面料纹样为折枝纹，金色弧形枝干上串有一至三片金色轮廓叶片，每片叶片都被枝干分为左右等大的两部分，其中一边填充与轮廓相同的金色，另一边则无填充。领边、大襟、袖口都饰有与面料颜色相近的红色宽包边，侧摆、底摆处饰有红色细包边，领圈内侧饰有细包边，外侧饰有宽包边。系合处用到一字扣，领底、胸前大襟上、腋下各一粒，身侧七粒。里料与面料大小相同，两者在侧摆处缝合，底摆处不缝合，里料内有厚格子真丝衬料。领高适中。包边、盘扣等装饰元素使旗袍具有传统风格，凹凸的细暗纹使面料有磨砂质感。图案排列繁密但基本图形简洁，使旗袍更具时尚感。

淡粉色地牡丹花纹刺绣绸旗袍

档号 T001-09-0426

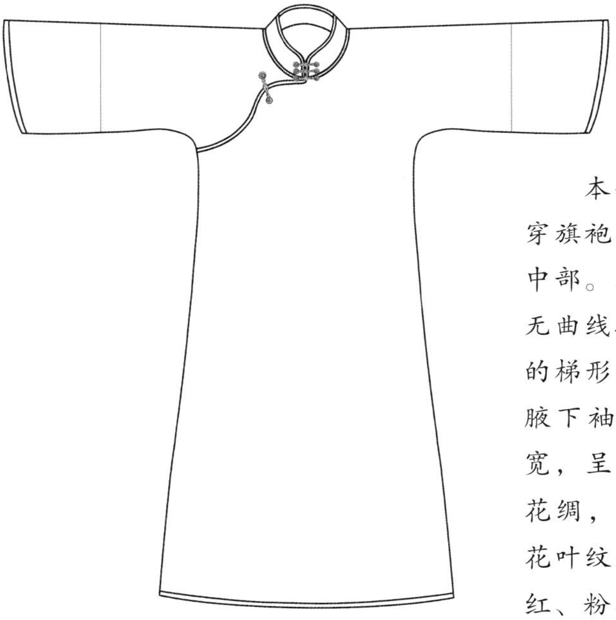

本件旗袍为20世纪40年代春秋穿旗袍，长度中等，穿着时长及小腿中部。衣身宽松，身侧胸、腰、臀处无曲线轮廓，胸部到下摆呈上窄下宽的梯形。袖子长及手腕，袖型宽松，腋下袖根处沿直线向袖口处稍微放宽，呈倒大袖。面料为淡粉色地绣花绸，无里料。面料刺绣纹样为牡丹花叶纹，衣身正面下半部分绣一簇暗红、粉与白三色牡丹花枝叶，与背面完全一致，衣袖上也装饰有同款图案。因面料幅宽问题，袖子在上臂处有拼接，图案不连续。领上图案花枝较小，花叶形状适应领形。领边、领圈、大襟、底摆、袖口等处用与衣身相同颜色的浅粉色细包边装饰，半开襟，无开衩。系合处用到盘扣和按扣，盘扣材质与包边相同，形状为一个小圆和一个大圆组成的葫芦形，领面上两粒盘扣，领底、胸前大襟上各有一粒盘扣，腋下和身侧设有按扣。该旗袍面料色彩与图案设计为甜美风格，是一款少女穿旗袍。

紫色地暗芦苇棒纹提花绸夹棉旗袍

档号 T001-09-0425

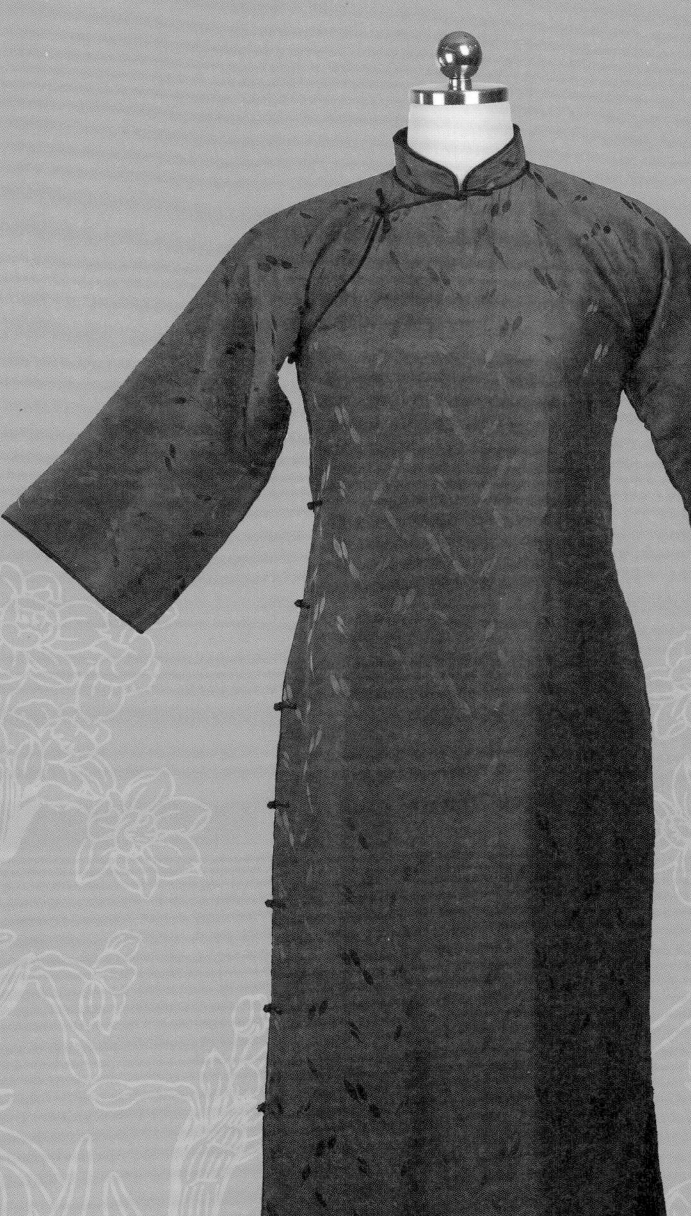

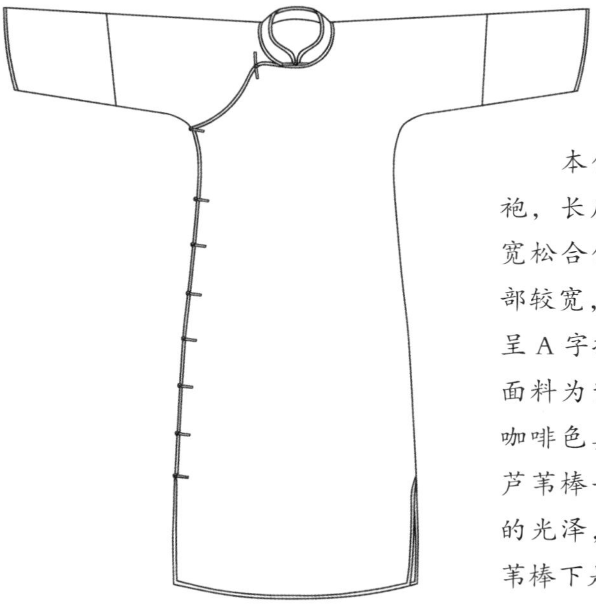

本件旗袍为20世纪40年代春秋穿厚旗袍，长度中等，穿着时长及小腿中部。衣身宽松合体，身侧腰、臀处稍有曲线轮廓，臀部较宽，臀以下开始逐渐放宽，下摆有弧度，呈A字摆。袖子长及手腕，袖口与袖根同宽。面料为紫色地芦苇棒纹暗纹提花绸，里料为咖啡色真丝绸。面料提花纹样为芦苇棒纹，芦苇棒一个、两个或三个为一组，散发丝线的光泽，以不同的大小和方向进行排布，芦苇棒下是编织结构暗纹。领边、领圈、大襟、侧摆、底摆、袖口等处有深紫色包边。系合处用到一字扣，扣与包边同色，领底、胸前大襟上、腋下各一粒，身侧七粒，最后一粒扣与左侧开衩同高。里料与面料等大，两者在侧摆处缝合，底摆处不缝合，两层面料之间夹棉。袖下有插片拼接。色调单一素雅，整体风格朴素。

黑色地彩色条纹提花缎夹裘皮旗袍

档号 T001-09-0441

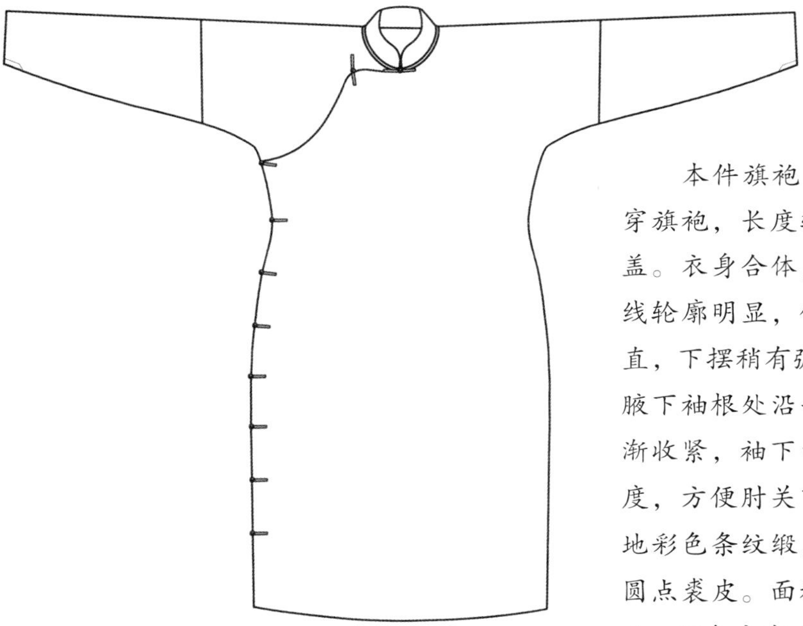

本件旗袍为20世纪40年代冬穿旗袍，长度较短，穿着时长及膝盖。衣身合体，身侧胸、腰、臀曲线轮廓明显，臀部较宽，臀以下竖直，下摆稍有弧度。袖子长及手腕，腋下袖根处沿一条弧线向袖口处逐渐收紧，袖下曲线在肘部有明显弧度，方便肘关节活动。面料为黑色地彩色条纹缎，里料为棕色嵌白色圆点裘皮。面料提花纹样为横向条纹，黑色底布上横向排布红色条纹，红色条纹中间装饰白色条纹，近观可见红色条纹边缘装饰上下两道金线。领圈饰有与衣身面料相同的细包边。系合处用到一字扣和按扣，一字扣由与衣身相同的条纹面料制成，领底、胸前大襟上、腋下各一粒，身侧七粒，另外，领口有一粒按扣，大襟上有两粒按扣。衣身面料上的横条纹平直无歪斜，大襟处与袖子接缝处严格对齐条纹裁剪、缝制。袖口开衩，左右袖口各设置两粒按扣，方便穿脱。

浅红色地团花纹织锦夹旗袍

档号 T001-09-0407

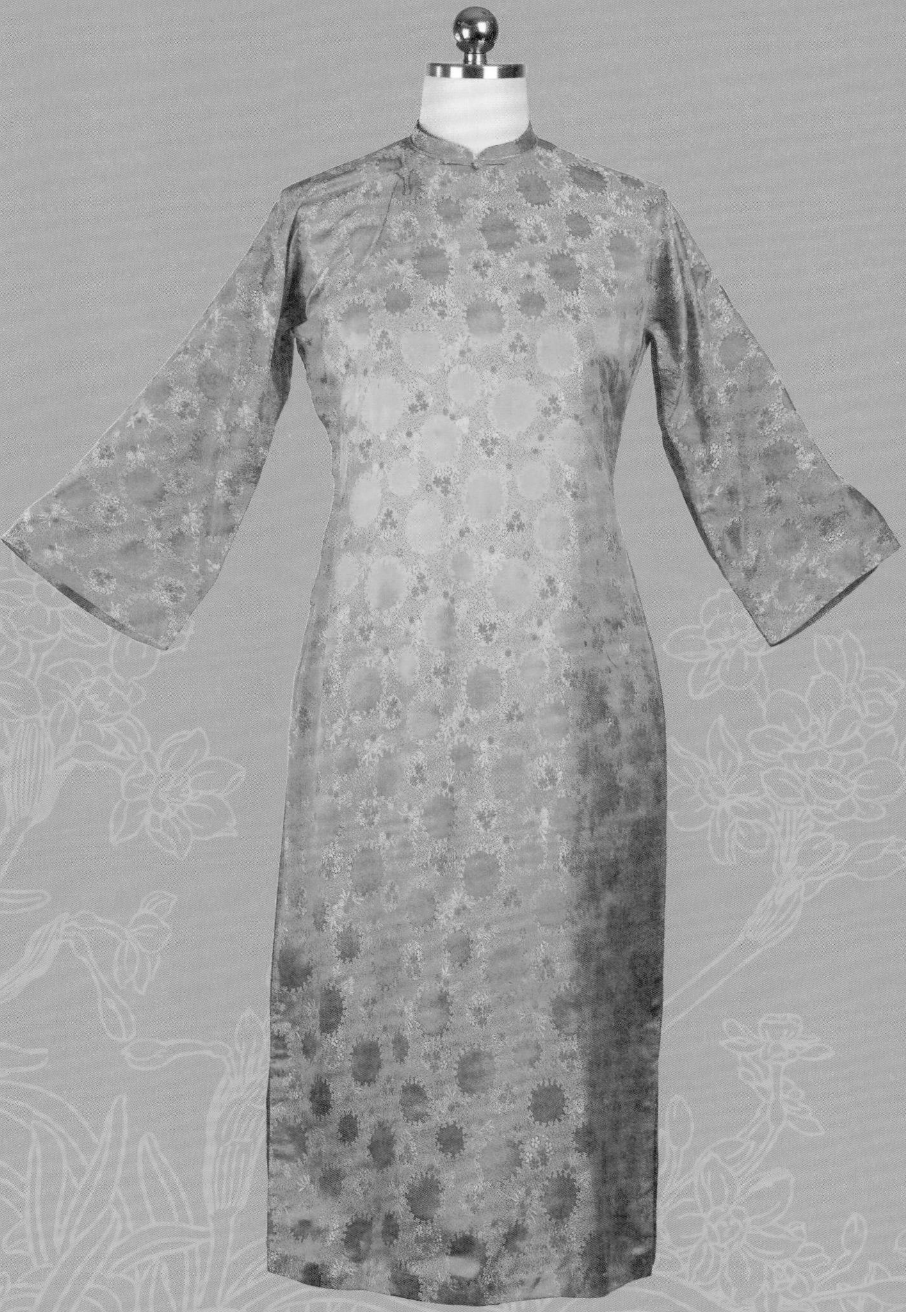

本件旗袍为20世纪40年代春秋穿薄款旗袍，长度中等，穿着时长及小腿中部。衣身宽松合体，身侧腰、臀处有曲线轮廓，臀部凸出，臀以下竖直，下摆稍有弧度。袖子长及手腕，袖型宽松，袖口与袖根同宽。面料为浅红色地提花织锦,里料为同色真丝绸。面料纹样为团花纹，小团花与大团花空隙间布满花叶纹，唯大团花内空白无纹饰。领圈饰有与衣身面料相同的细包边，领边、大襟、侧摆、底摆及袖口都无包边装饰。系合处用到一字扣和按扣，领底、胸前大襟上、腋下各有一粒一字扣，大襟和身侧分别设置一粒和四粒按扣。面料包覆里料，两者在侧摆处缝合，底摆处不缝合。

暗红色地花卉纹织锦夹棉旗袍

档号 T001-09-0452

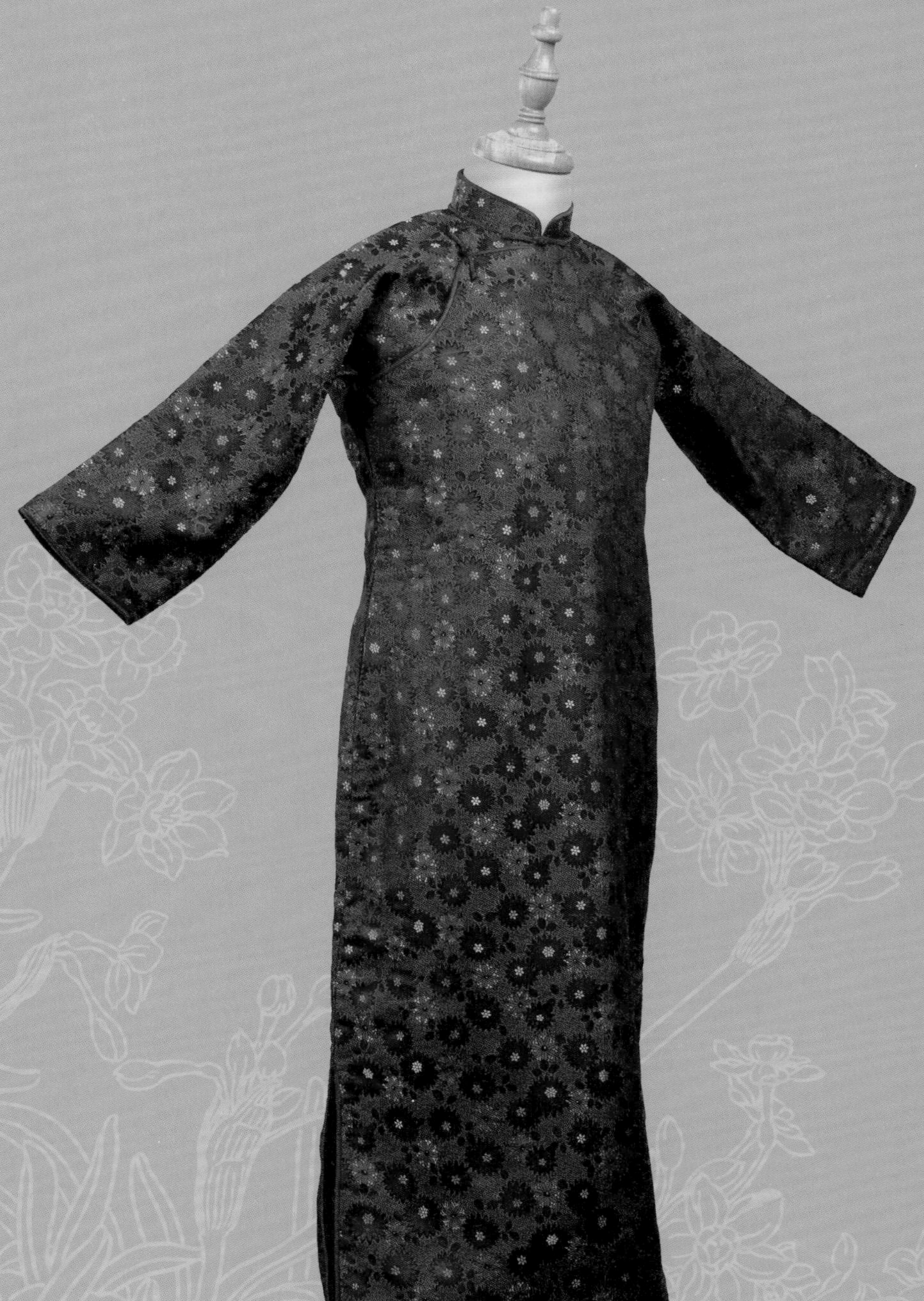

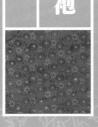

本件旗袍为20世纪40年代秋冬穿夹棉旗袍，长度较长，穿着时长及小腿下部。衣身较为宽松，身侧腰、臀处稍有曲线轮廓，臀部稍凸出，臀以下竖直，下摆有弧度。袖子长及手腕，袖型宽松，袖口与袖根同宽。面料为提花织锦，花型以平铺花卉为主，花卉呈现出齿轮状轮廓，主花卉边缘处有黑色描边，内部为红色，花芯处有银色几何散点做花蕊，四周有散落的叶片，稍小的花卉呈现银色描边，花芯处为深咖啡色花蕊，花瓣中间有脉络。花卉背景呈现出祥云纹。近观可见面料有条纹肌理。领边、领圈、大襟、侧摆、底摆及袖口都饰有暗红色细包边。领底、大襟、腋下分别有一粒一字扣，身侧有三粒按扣。里衬为印花绸，米黄色底上有红色树叶形花卉图案，背景为线性散点纹理，里料比面料稍短。

暗绿色地红花纹织锦夹旗袍

档号 T001-09-0408

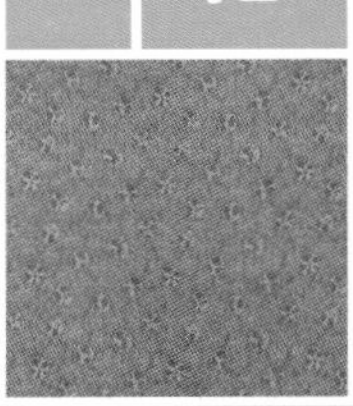

本件旗袍为20世纪40年代春秋穿薄款旗袍，长度中等，穿着时长及小腿中部。衣身宽松合体，身侧腰、臀处稍有曲线轮廓，臀部凸出，臀以下竖直，下摆稍有弧度。袖子长及手腕，袖型宽松，袖口与袖根同宽，开襟形式为双襟。面料为暗绿色地红花纹提花织锦，里料为蓝底印花棉布，与面料风格不符，里料选用较为随意。面料纹样为小团花纹，花团为红、粉两色，花团之间布满暗绿色繁密叶片。领边、领圈、侧摆、底摆及袖口有暗红色单条细包边，双襟上有两条暗红色包边，使双襟结构凸显出来。系合处用到一字扣、风纪扣和按扣，仅腋下一处用到一粒一字扣，领口设置一粒风纪扣，大襟和身侧分别设置三粒和四粒按扣。里料与面料等大，两者在侧摆处缝合，底摆处不缝合。

浅粉色地卷草纹织锦旗袍

档号 T001-09-0378

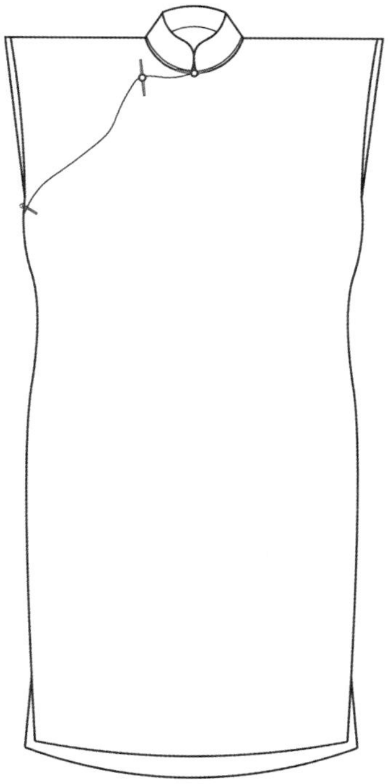

本件旗袍为20世纪40年代末夏穿薄款旗袍，长度较短，穿着时长及膝盖。衣身较为合体，身侧腰、臀处有曲线轮廓，臀部稍凸出，臀以下竖直，下摆有弧度，连肩短袖。面料为提花织锦，花型为四叶草，领口处有两朵四叶草相互对应，四叶草周围均有卷草纹，呈四方连续图案。卷草纹四周有白色描边，四叶草叶片呈现由外到内渐变的粉色，颜色稍比底布颜色深，大身颜色稍有褪色泛黄。领圈有包边。领底、大襟、腋下均有一粒一字扣，领口有一粒按扣，大襟有两粒按扣，身侧设置拉链，开衩较短，无里衬。

酒红色地杂宝纹提花缎夹棉旗袍

档号 T001-09-0414

本件旗袍为20世纪50年代秋冬穿旗袍，长度较短，穿着时长及膝盖。衣身合体，身侧胸、腰、臀曲线轮廓明显，腰部内凹，臀部较宽，臀以下竖直，下摆稍有弧度。袖子长及手腕，袖型宽松，腋下袖根处沿一条弧线向袖口处逐渐收紧，在手腕处弧线变为直线。袖下曲线在肘部有明显弧度，方便肘关节活动。大襟延长至肩线处，领为圆环状，在肩线处开口，身侧有两条胸省。面料为酒红色提花织锦缎，里料为同色真丝绸。面料提花纹样为杂宝纹，包括如意、宝瓶、方胜、毛笔等。领边、领圈、大襟、侧摆、底摆、袖口等处无包边装饰。系合处用到一字扣与按扣，一字扣由与衣身相同的织锦面料制成，仅腋下一粒，领子在右侧靠近肩线处开口，开口处有两粒按扣，右肩上和胸前大襟上各有三粒按扣，身侧有四粒按扣。廓形与省道的利用使全身立体造型明显。

浅红色地碎花纹织锦夹旗袍

档号 T001-09-0415

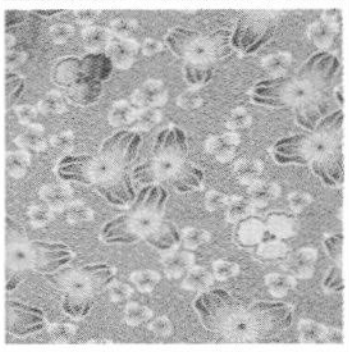

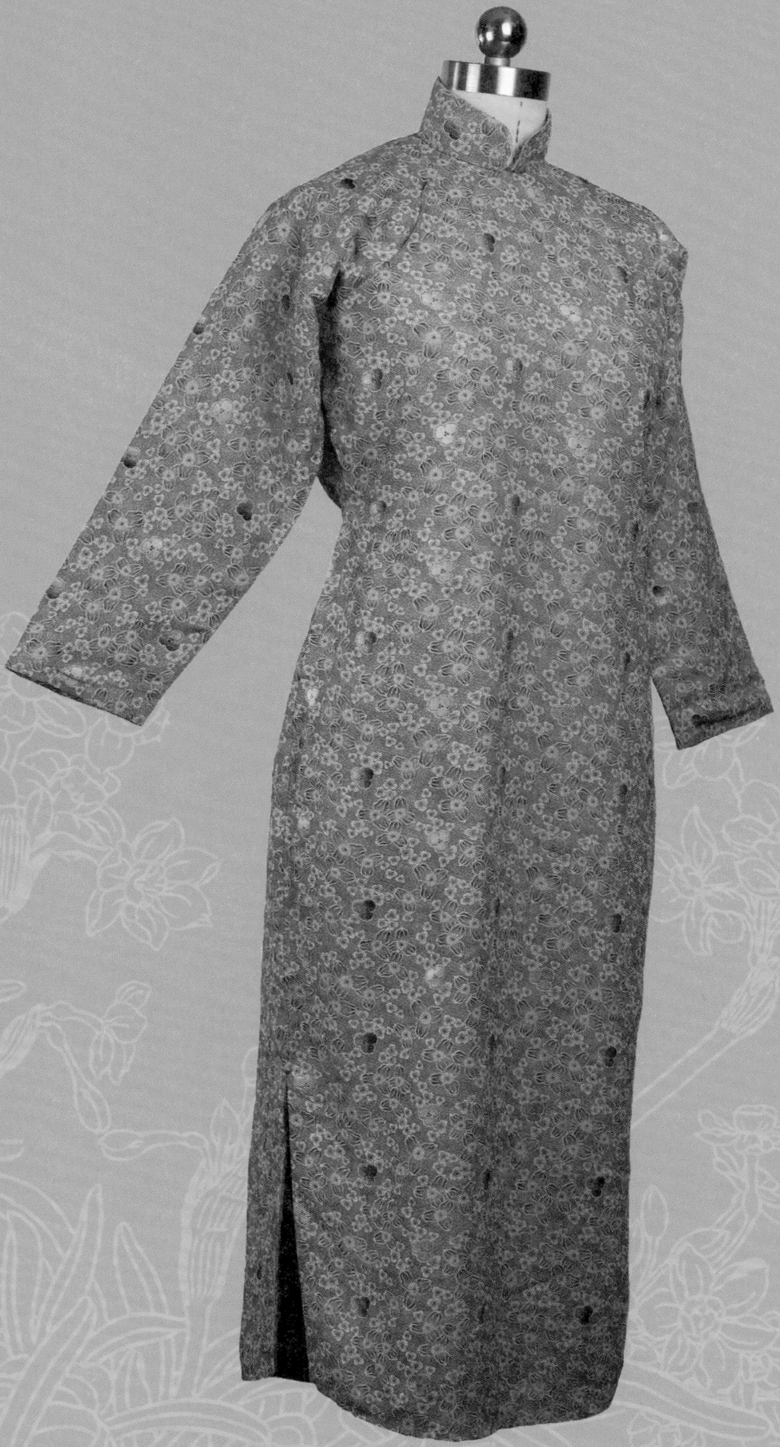

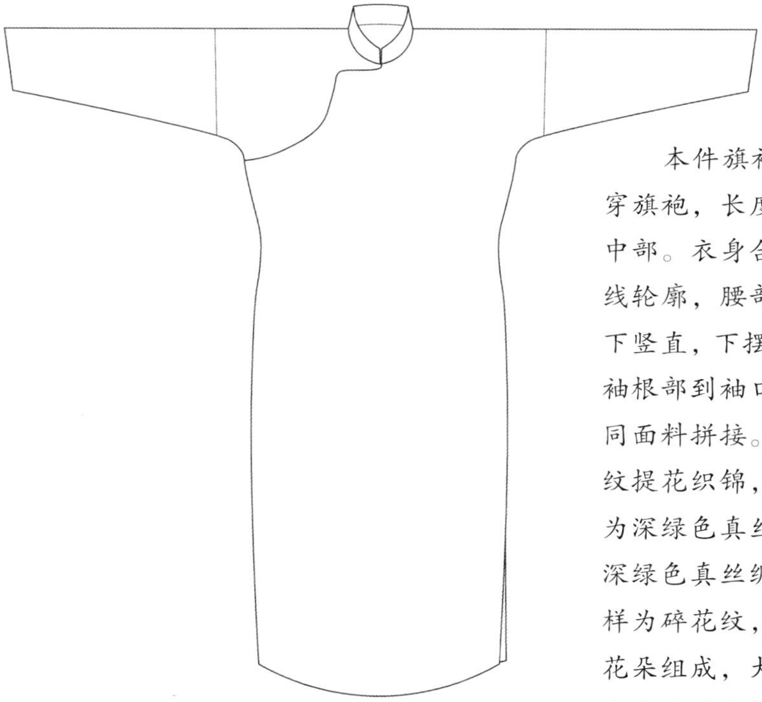

本件旗袍为20世纪50年代春秋穿旗袍，长度中等，穿着时长及小腿中部。衣身合体，身侧腰、臀处有曲线轮廓，腰部内凹，臀部凸出，臀以下竖直，下摆有弧度。袖子长及手腕，袖根部到袖口部逐渐变窄，袖下有相同面料拼接。面料为浅红色地三瓣花纹提花织锦，里料有两层，贴身一层为深绿色真丝绸，里层为褐色棉布，深绿色真丝绸包覆褐色棉布。面料纹样为碎花纹，由大、中、小三种三瓣花朵组成，大花的花蕊为白色，花瓣自内向外由粉向黑渐变，中等大小花有绿色与紫色两种，小花的花瓣自内向外由粉向白渐变，三种花朵紧密排列，空隙处有黑色点状颗粒纹理。领边、领圈、大襟、侧摆、底摆及袖口都光洁无包边。系合处用到按扣与风纪扣，领面上一粒风纪扣，领底、胸前大襟上、腋下、身侧均为按扣。面料包覆里料，两者在侧摆处缝合，底摆处不缝合。

粉色地菊花纹刺绣缎夹旗袍

档号 T001-09-0416

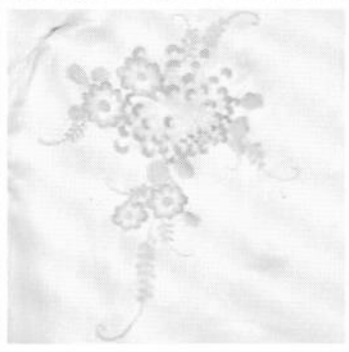

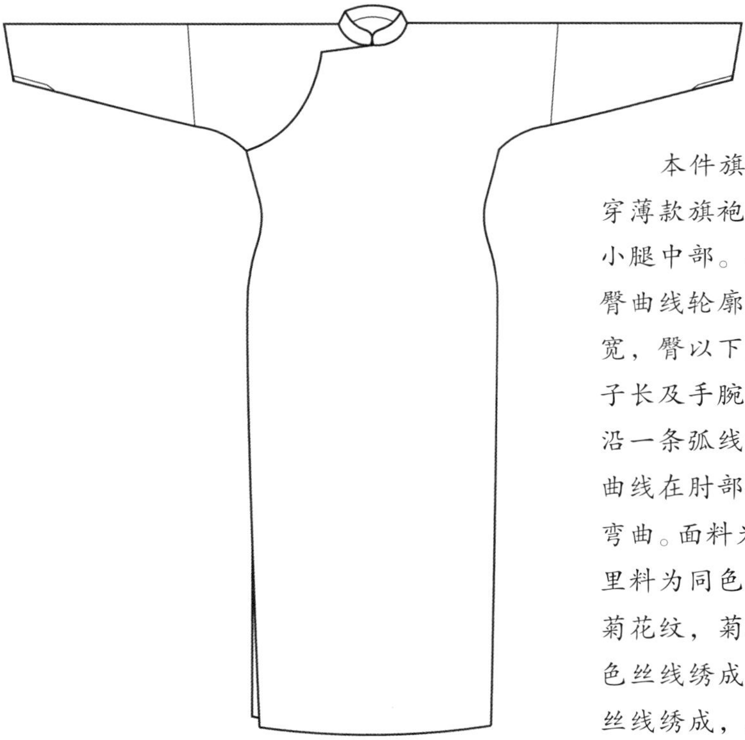

本件旗袍为20世纪50年代春秋穿薄款旗袍，长度中等，穿着时长及小腿中部。衣身合体，身侧胸、腰、臀曲线轮廓明显，腰部内凹，臀部较宽，臀以下竖直，下摆稍有弧度。袖子长及手腕，袖型宽松，腋下袖根处沿一条弧线向袖口处逐渐收紧，袖下曲线在肘部有明显弧度，方便肘关节弯曲。面料为粉色刺绣菊花纹真丝缎，里料为同色真丝绸。面料刺绣纹样为菊花纹，菊花由深粉、浅粉和白色三色丝线绣成，花叶由深粉、浅粉两色丝线绣成，胸前花团由一朵大菊花与四朵小菊花组成，左下摆花团由两朵大菊花和四朵小菊花组成，衣身前后图案一致，两肩上各有一朵大菊花，两袖各有两朵小菊花，领面上也绣有小型菊花。领边、领圈、大襟、侧摆、底摆、袖口等处无包边装饰。系合处用到拉链与按扣，领口两粒按扣，胸前大襟上三粒按扣，腋下一粒按扣，身侧为一条金属拉链。袖口开衩，左右袖口各设置两粒按扣，方便穿脱。

暗红色地暗菊花纹提花绸夹毛旗袍

档号 T001-09-0460

本件旗袍为20世纪50年代春秋穿旗袍，长度较短，穿着时长及膝盖。衣身合体，身侧胸、腰、臀曲线轮廓明显，腰部内凹，臀部较宽，臀以下逐渐变窄，下摆稍有弧度。袖子长及手腕，袖型宽松，半开襟形式。面料为暗红色提花真丝绸，里料为褐色真丝绸。面料印花纹样为菊花纹，菊花绽放如烟花，按不同的大小和方向排列。领圈饰有与衣身面料相同的细包边。系合处用到一字扣和按扣，一字扣由衣身同款面料制成，领底一粒，胸前大襟上一粒，腋下一粒，大襟上另有两粒按扣，身侧有三粒按扣。色调暗沉且围度大，为年老身宽者穿着的一件旗袍。

暗绿色地花卉纹织锦夹棉旗袍

档号 T001-09-0461

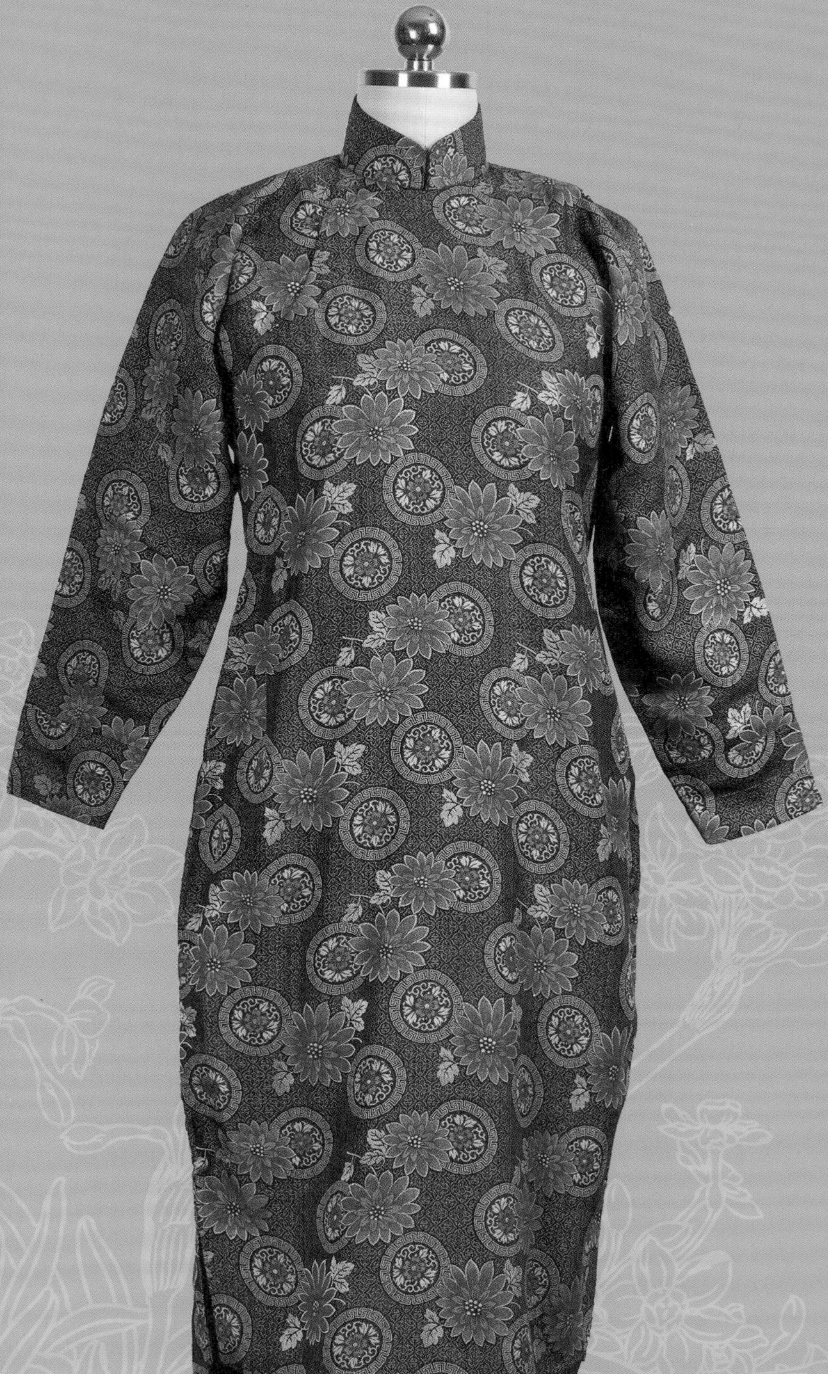

本件旗袍为20世纪50年代春秋穿夹棉旗袍，长度较短，穿着时长及膝盖。衣身较合体，侧腰有收腰，臀部稍凸出，下摆有弧度。袖子长及手腕，袖型为收口袖。面料为暗绿色真丝提花织锦，里料为深蓝色纯棉布。面料纹样为团花与菊花的组合花卉图案，背景饰有寿字纹暗纹。菊花描边处为浅橘色，花瓣内橘色呈渐变色，越向花芯颜色越深，花蕊处用黑色与白色进行点缀。团花边缘处为回纹，内部饰有梅花，花蕊处用黑色点缀。团花与菊花互相交错，形成独特的图案。领边、领圈、大襟、侧摆、底摆及袖口无绲边条装饰。领底、胸前大襟与身侧均设置按扣。

档号 T001-09-0400

土黄色地羽毛和大丽花纹织锦夹旗袍

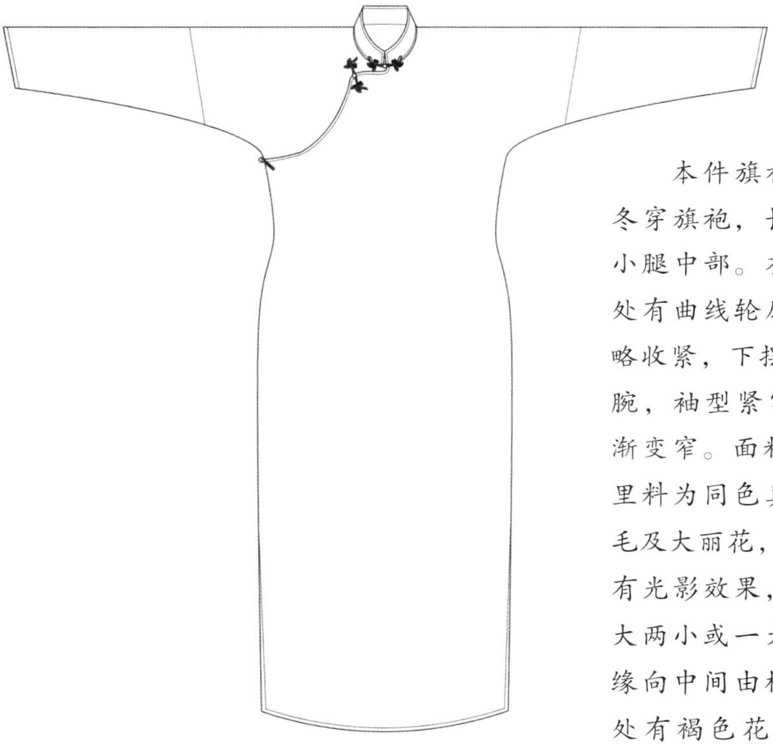

本件旗袍为20世纪50年代秋冬穿旗袍，长度中等，穿着时长及小腿中部。衣身合体，身侧腰、臀处有曲线轮廓，臀部凸出，臀以下略收紧，下摆有弧度。袖子长及手腕，袖型紧窄，袖根部到袖口部逐渐变窄。面料为土黄色提花织锦，里料为同色真丝绸。面料纹样为羽毛及大丽花，橘黄色花朵层次丰富，有光影效果，立体感强，花后为一大两小或一大一小羽毛，羽毛自边缘向中间由棕色向白色过渡，空隙处有褐色花朵填补。近观可见白色花枝纹背景。领边、领圈、大襟、侧摆、底摆及袖口都饰有暗红色细包边。系合处用到花式盘扣、一字扣、风纪扣和按扣，领面一粒风纪扣，领底、胸前大襟上各有一粒花式盘扣，腋下一粒一字扣，大襟上另有一粒按扣，身侧有三粒按扣。里料与面料大小相同，两者在侧摆处缝合，底摆处不缝合。领子较高，衬托女子高颈。

芳华掠影 FANGHUA LÜEYING

心如世上青蓮色

灰紫色地缠枝花卉纹织锦夹棉旗袍

档号 T001-09-0437

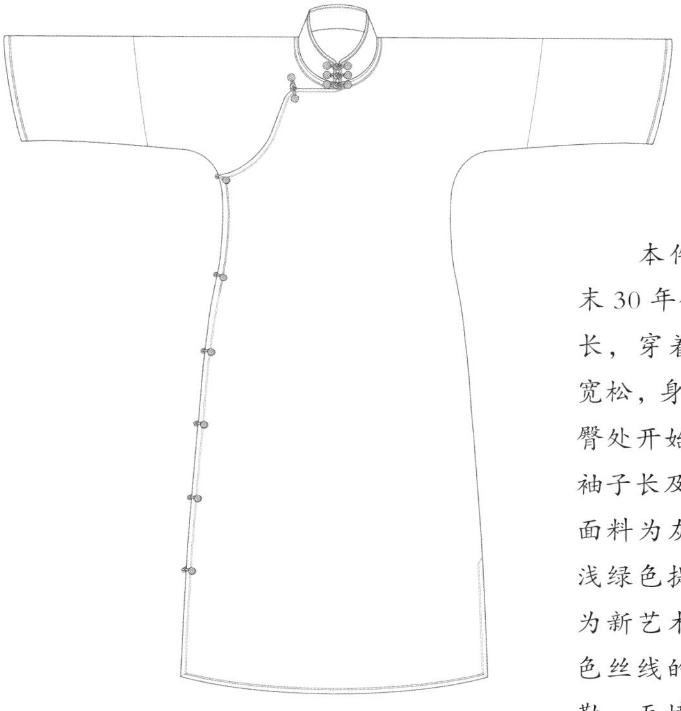

本件旗袍为20世纪20年代末30年代初春秋穿旗袍，长度较长，穿着时长及小腿下部。衣身宽松，身侧腰、臀处无曲线轮廓，臀处开始逐渐放宽，下摆有弧度。袖子长及手腕，袖口与袖根同宽。面料为灰紫色提花织锦，里料为浅绿色提花织锦。面料提花纹样为新艺术风格缠枝花卉，填充紫色丝线的花叶轮廓用金色丝线勾勒，无填充的花朵轮廓由金色丝线散点勾勒，还有部分枝叶全部由金色丝线组成。领边、领圈、大襟、侧摆、底摆、袖口等处有黑色和白色粗细两色包边，盘扣也是黑白两色。系合处用到花式盘扣和按扣，盘扣尾部盘成黑白相间的圆盘，领面上两粒，领底一粒，胸前大襟上一粒，腋下一粒，身侧五粒，大襟上和腋下分别设置两粒和一粒按扣。里料与面料在侧摆处缝合，底摆处不缝合，浅绿色里料包裹粉色厚衬料。

灰紫色地碎花纹织锦夹毛旗袍

档号 T001-09-0439

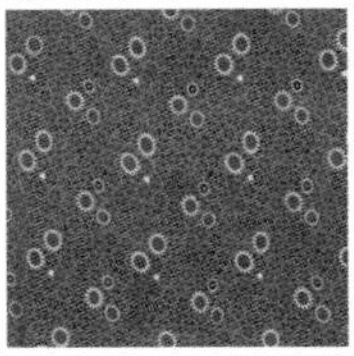

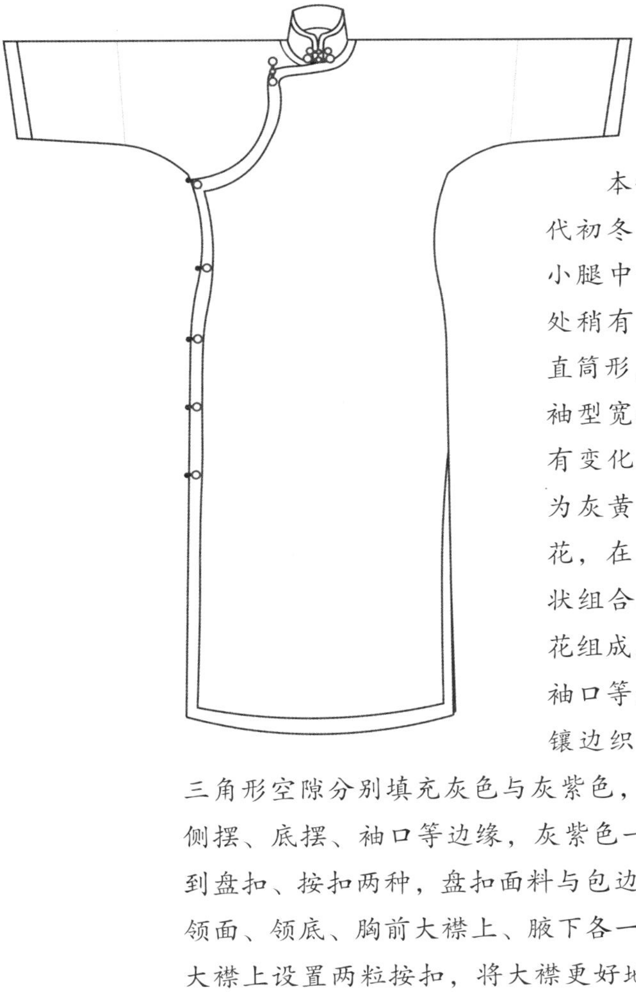

本件旗袍为20世纪20年代末30年代初冬穿旗袍，长度中等，穿着时长及小腿中部。衣身宽松，身侧胸、腰、臀处稍有曲线轮廓，臀部较宽，臀以下呈直筒形，下摆稍有弧度。袖子长及手腕，袖型宽松，腋下袖根部到袖口部宽度没有变化。面料为灰紫色提花织锦，里料为灰黄色裘皮。面料提花纹样为组合碎花，在密布的五瓣花叶底纹上覆盖齿轮状组合花朵，每组由两朵或三朵齿轮状花组成。领边、领圈、大襟、侧摆、底摆、袖口等处有相近色包边与异色镶边装饰，镶边织带条上饰黑色锯齿纹，锯齿两边三角形空隙分别填充灰色与灰紫色，灰色一边紧贴领边、领圈、大襟、侧摆、底摆、袖口等边缘，灰紫色一边与面料颜色相融合。系合处用到盘扣、按扣两种，盘扣面料与包边面料一致，尾部盘成密实圆盘状，领面、领底、胸前大襟上、腋下各一粒，身侧四粒，领部有一粒按扣，大襟上设置两粒按扣，将大襟更好地固定在小襟上，身侧另有四粒按扣，与四粒盘扣间隔排列。

紫色地缠枝花卉纹提花缎夹棉旗袍

档号 T001-09-0458

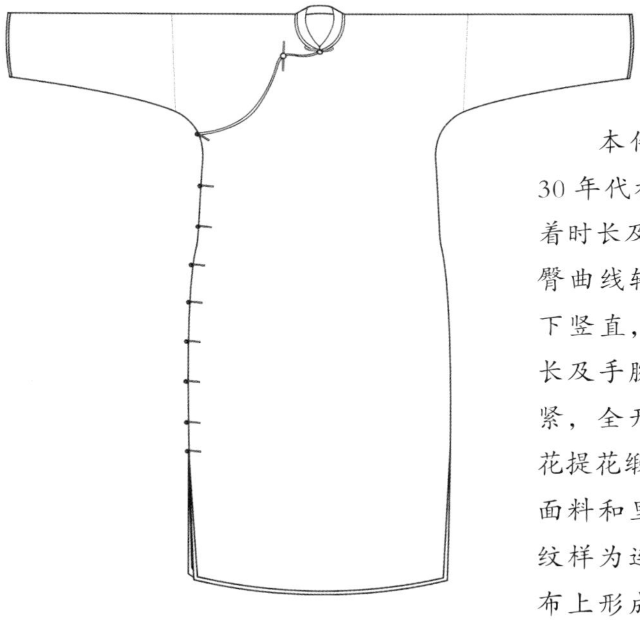

本件旗袍为20世纪20年代末30年代初冬穿旗袍，长度较短，穿着时长及膝盖。衣身合体，身侧腰、臀曲线轮廓明显，臀部较宽，臀以下竖直，下摆有一定的弧度。袖子长及手腕，袖根部到袖口部逐渐收紧，全开襟形式。面料为紫色黑碎花提花缎，里料为竖向宽条纹毛毡，面料和里料中间有夹棉。面料提花纹样为连缀花叶纹，黑色线条在底布上形成密集卷叶纹，其间点缀深蓝色小花，花叶下底布光泽感明显。领圈、大襟、侧摆、底摆、袖口等处有包边，包边和扣子面料均与衣身面料相同。系合处用到一字扣和风纪扣，领底、胸前大襟上、腋下各一粒一字扣，身侧八粒一字扣，领口处还设置一粒风纪扣。旗袍面料色彩暗沉，但有很好的光泽感，适合年长者穿着。

档号

T001-09-0432

深蓝色地暗小方块纹提花绢夹旗袍

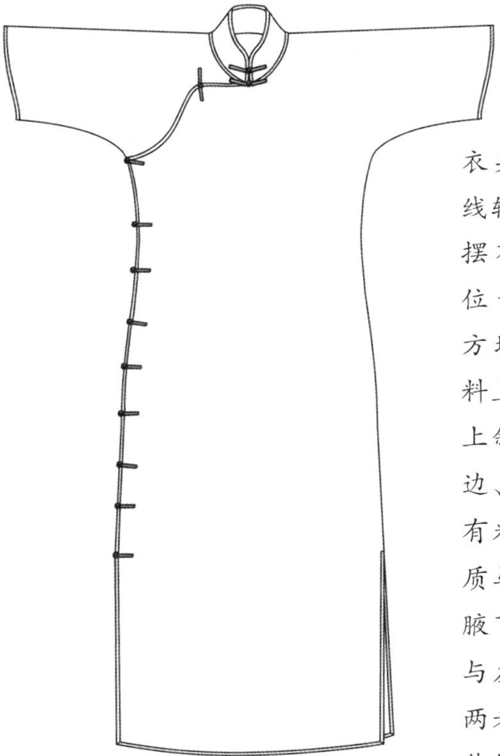

本件旗袍为20世纪30年代夏穿旗袍，长度较长，穿着时长及脚踝。衣身宽松合体，身侧腰、臀处几乎无曲线轮廓，臀部稍凸出，臀以下竖直，下摆有弧度。半袖，袖型宽松，穿着时位于肘部以上。面料为深蓝色地暗小方块纹提花绢，里料为黑色真丝绸。面料上两个暗纹提花长方形为一组，在面料上斜向排列，呈现散点状闪亮光泽。领边、领圈、大襟、侧摆、底摆及袖口都饰有米白色细包边。系合处用到一字扣，材质与包边相同，领面、领底、胸前大襟上、腋下各有一粒，身侧八粒，最后一粒扣与左侧开衩同高。里料与面料大小相同，两者在侧摆、底摆处均缝合。面料纹样与装饰简单，旗袍呈现极简精致风格。

灰粉色地果实纹提花绸夹棉旗袍

档号
T001-09-0438

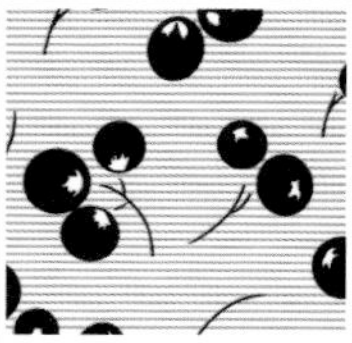

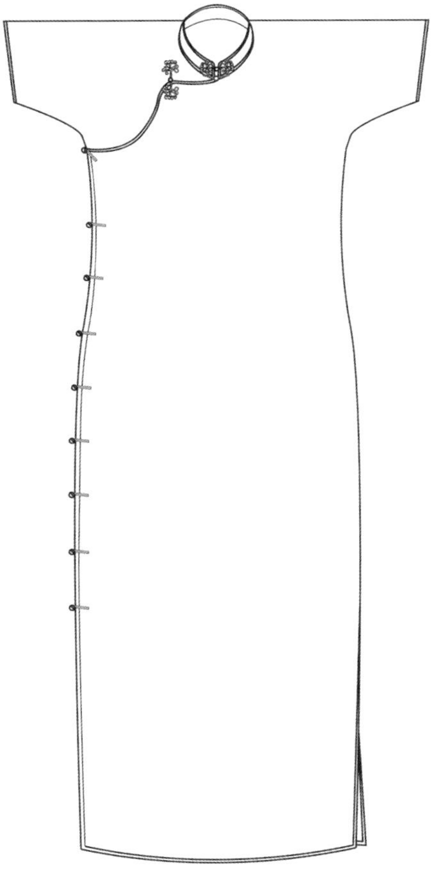

本件旗袍为20世纪30年代中期早秋穿旗袍，长度较长，穿着时长及小腿下部。衣身宽松合体，身侧腰、臀处稍有曲线轮廓，臀部较宽，臀以下竖直，下摆稍有弧度。袖子为短袖，长度仅及腋下部。面料为提花真丝绸，里料为灰粉色真丝绸。面料提花纹样为条纹底圆果实，灰粉色底布上饰紫色细线条纹，圆形果实与枝干提花为紫色，果实底部或顶部有不规则镂空，露出灰粉色底布。领边、领圈、大襟、侧摆、底摆、袖口等处有与图案颜色相同的紫色细包边。系合处用到花式盘扣、一字扣，扣子面料与包边面料一致，花式盘扣尾部盘成三枝花叶状，领面一粒花式盘扣，领底一粒一字扣，胸前大襟上一粒花式盘扣，腋下一粒一字扣，身侧八粒一字扣。里料与面料在侧摆处缝合，底摆处不缝合，里料包裹白色棉质厚衬料。

淡蓝色地牡丹花纹印花绢夹旗袍

档号 T001-09-0402

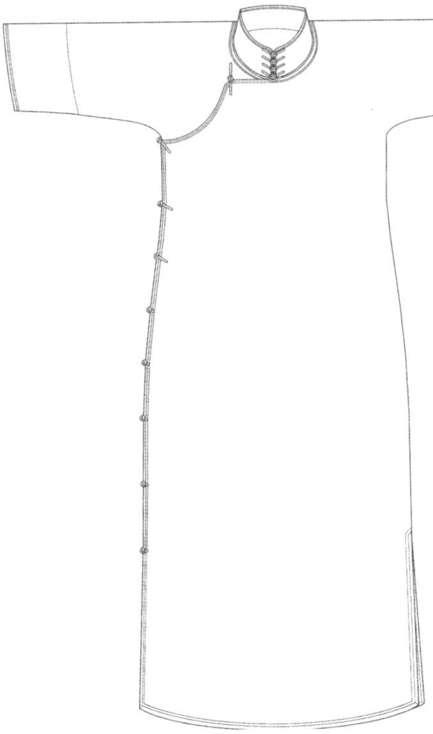

本件旗袍为20世纪30年代春秋穿薄款旗袍，长度较长，穿着时长及脚踝。衣身宽松，身侧腰、臀处几乎无曲线轮廓，臀部稍凸出，臀以下竖直，下摆有弧度。半袖，袖型宽松，袖根部与袖口部同宽。面料为淡蓝色地红花条纹印花绢，里料为浅绿色真丝绸。面料纹样为牡丹花叶，两朵牡丹花为一组，牡丹花蕊为黑色，花瓣由红色向粉色、白色过渡，叶片也为黑色。近观可见面料上的竖向细白条纹线。衣身正面牡丹花为正向，背面因连裁原因牡丹花方向朝下。正面面料褪色偏黄，背面面料颜色正常。领边、大襟、侧摆、底摆及袖口都饰有与面料颜色相同的淡蓝色稍宽包边，紧贴淡蓝色包边的为与牡丹花同色的淡粉色细包边，领圈内侧饰有淡蓝色细包边，外侧饰有淡蓝色稍宽包边和淡粉色细包边。系合处用到一字扣，领面三粒，领底、胸前大襟上、腋下各一粒，身侧七粒，最后一粒扣与左边开衩同高。里料与面料大小相同，两者在侧摆、底摆处均不缝合。领子较高，衬托女子高颈。

宝蓝色地暗几何纹提花绸夹旗袍

档号 T001-09-0406

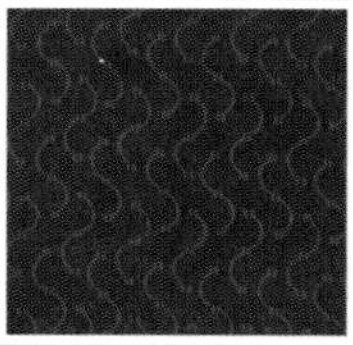

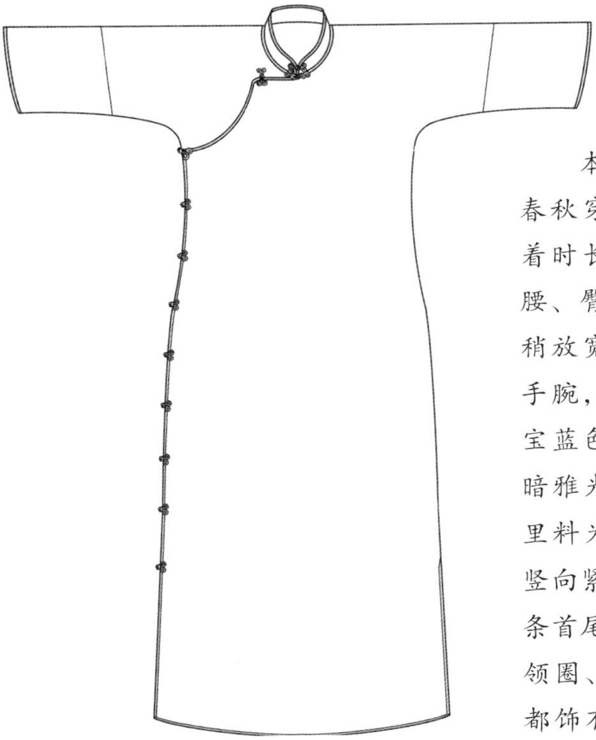

本件旗袍为20世纪30年代春秋穿薄款旗袍，长度较长，穿着时长及脚踝。衣身宽松，身侧腰、臀处无曲线轮廓，臀部开始稍放宽，下摆有弧度。袖子长及手腕，袖口与袖根同宽。面料为宝蓝色几何提花真丝绸，底布有暗雅光泽，提花具有反光效果，里料为纯白真丝绸。面料纹样为竖向紧密排列的S形线条，S形线条首尾与中部装饰小方块。领边、领圈、大襟、侧摆、底摆及袖口都饰有黑色细包边。系合处用到两种花式盘扣：一种盘成两个背对的圆盘状，领面、胸前大襟上、腋下三处各一粒，身侧八粒；一种盘成两个并排的圆盘状，装饰于领底。里料与面料大小相同，两者在侧摆处缝合，底摆处不缝合。

蓝紫色地紫色花叶纹织锦夹旗袍

档号 T001-09-0411

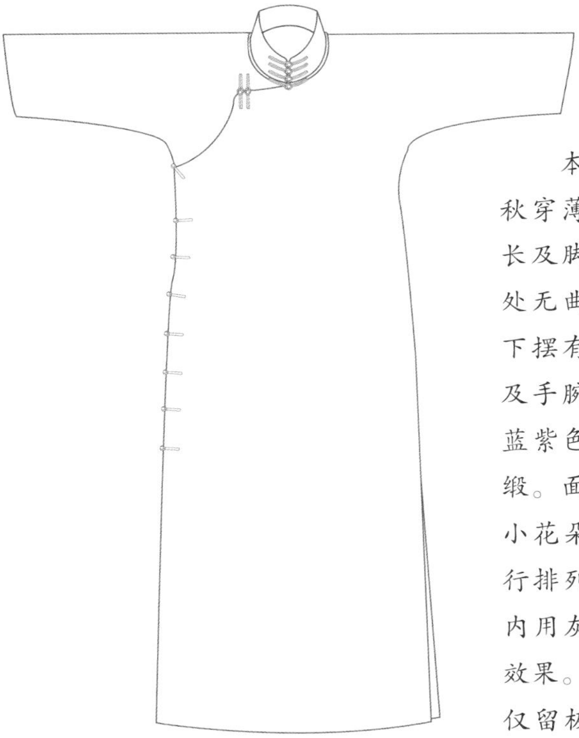

本件旗袍为20世纪30年代春秋穿薄款旗袍，长度较长，穿着时长及脚踝。衣身宽松，身侧腰、臀处无曲线轮廓，臀部开始稍放宽，下摆有弧度，呈A字形摆。袖子长及手腕，袖口与袖根同宽。面料为蓝紫色提花织锦，里料为纯白真丝缎。面料纹样为花叶纹，大叶片和小花朵刻画简单，花朵内用白色平行排列的丝线刻画明暗效果，叶片内用灰色平行排列的丝线刻画明暗效果。花朵和叶片将面料几乎布满，仅留极小的空隙。花朵或浮于叶片上，或隐于叶片下，两者上下层叠关系明显。领圈饰有用衣身同种面料制成的细包边，领边、大襟、侧摆、底摆、袖口等处无包边装饰。系合处用到一字扣，领面三粒，领底一粒，胸前大襟上两粒，腋下一粒，身侧七粒。里料与面料大小相同，两者在侧摆处、底摆处均缝合。领子极高且硬挺，小襟上、腰下部缝有一个与小襟宽度相近的口袋，下摆开衩很高。

档号 T001-09-0430

藏蓝色真丝绢夹棉旗袍

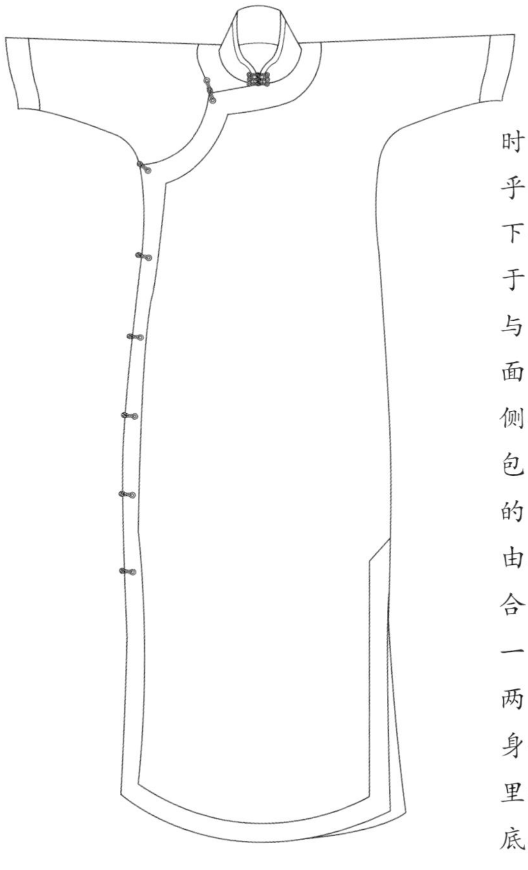

本件旗袍为20世纪30年代中晚期春秋穿厚款旗袍，长度较长，穿着时长及脚踝。衣身宽松，身侧腰、臀处几乎无曲线轮廓，臀部稍凸出，臀以下竖直，下摆有弧度。半袖，袖型紧窄，穿着时位于肘部以上。面料为藏蓝色真丝绢，面料与里料中间有夹棉，里料为米白色真丝绸。面料有光泽无纹样。领边、领圈、大襟、侧摆、底摆及袖口都饰有菱形格子图案宽包边。宽包边底色为与旗袍衣身面料相近的深蓝色，两者融为一体。菱形格子图案由橘红、淡黄和灰色的线条交叉组成。系合处用到盘扣，材质与包边相同，盘成由一个小圆和一个大圆组成的葫芦形，领面两粒，领底、胸前大襟上、腋下各一粒，身侧五粒，最后一粒扣与左边开衩同高。里料与面料大小相同，两者在侧摆处缝合，底摆处不缝合。领子较高，衬托女子高颈。款式与宽边缘装饰具有传统风格，装饰图案较现代。

蓝色地碎花纹织锦夹旗袍

档号 T001-09-0434

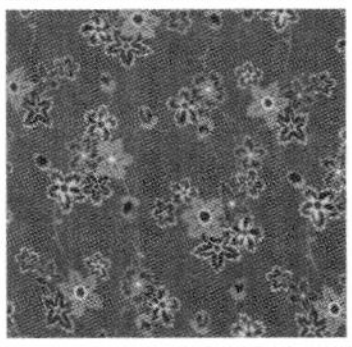

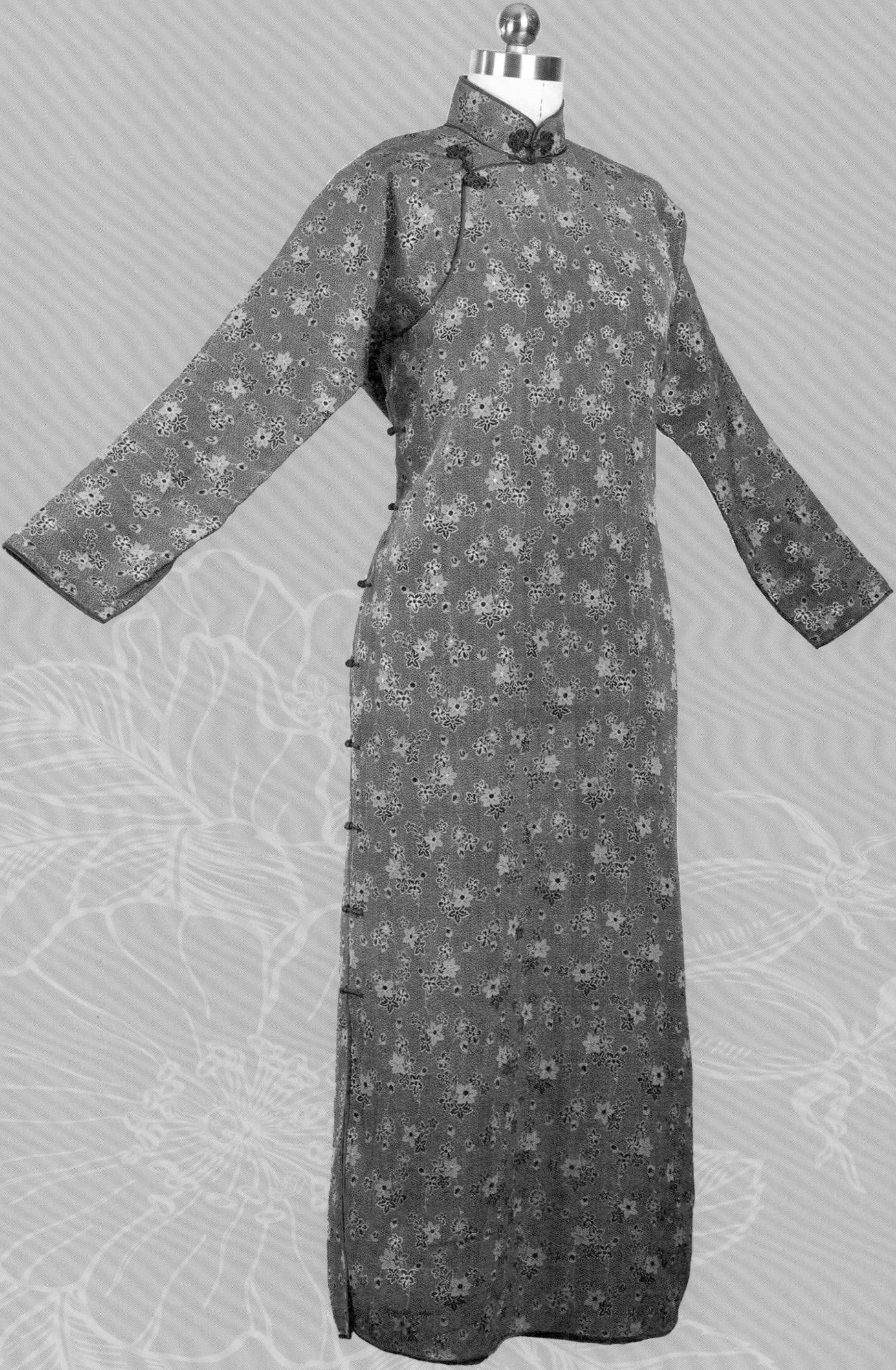

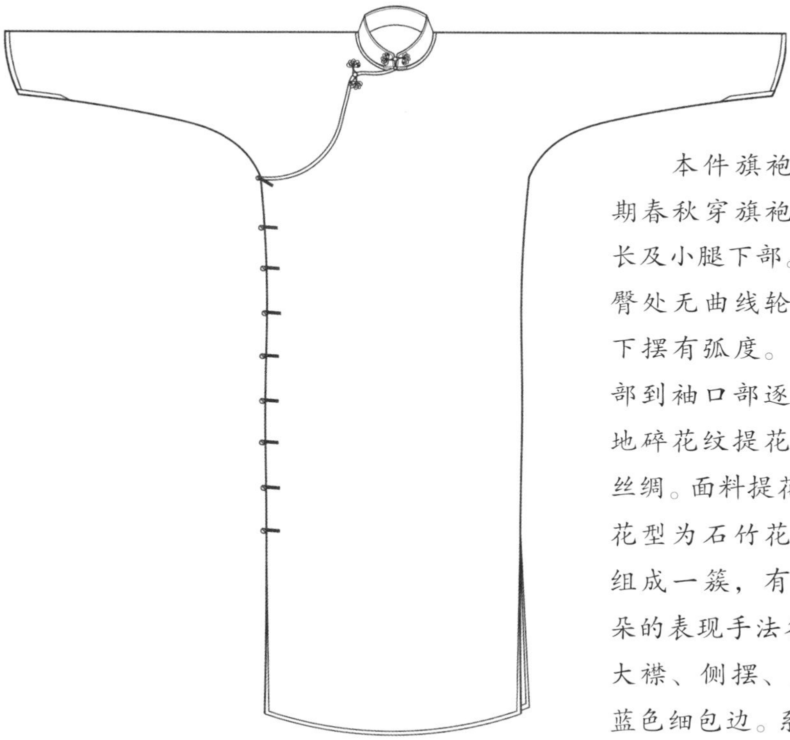

本件旗袍为20世纪30年代晚期春秋穿旗袍，长度较长，穿着时长及小腿下部。衣身宽松，身侧腰、臀处无曲线轮廓，平铺呈直筒型，下摆有弧度。袖子长及手腕，袖根部到袖口部逐渐变窄。面料为蓝色地碎花纹提花织锦，里料为红色真丝绸。面料提花纹样为折枝碎花纹，花型为石竹花，两朵、五朵或八朵组成一簇，有灰、蓝、白三色，花朵的表现手法各不相同。领边、领圈、大襟、侧摆、底摆、袖口等处有深蓝色细包边。系合处用到花式盘扣、一字扣和按扣，花式盘扣、一字扣与包边同色。花式盘扣盘成半圆菊花形。领面、胸前大襟上各一粒花式盘扣，领底、腋下各一粒一字扣，身侧八粒一字扣，最后一粒扣与左边开衩同高。面料与里料大小相同，两者在侧摆处缝合，底摆处不缝合。里料内有米白条纹真丝绸作衬。袖口开衩，左右袖口各设置三粒按扣，方便穿脱。

蓝灰色地斜格纹印花绸夹棉旗袍

档号 T001-09-0398

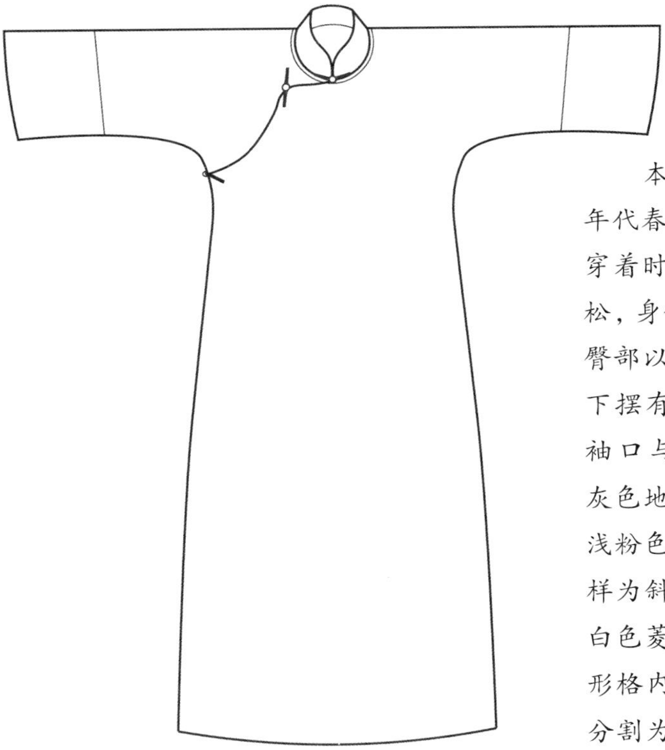

本件旗袍为20世纪40年代春秋穿旗袍，长度中等，穿着时长及小腿中部。衣身宽松，身侧腰、臀处无曲线轮廓，臀部以下逐渐变宽，呈A字形，下摆有弧度。袖子长及手腕，袖口与袖根同宽。面料为蓝灰色地斜格纹印花绸，里料为浅粉色光泽感真丝绸。面料纹样为斜格纹，深蓝色菱形格与白色菱形格间隔排列，两种菱形格内都有灰色线条将菱形格分割为从宽到窄的五条，远观有渐变效果。领圈处有黑色细包边。系合处用到一字扣和按扣，领底、胸前大襟上、腋下各一粒一字扣，身侧四粒按扣。里料与面料大小相同，两者在侧摆、底摆处均缝合，两层面料之间夹棉。低领，无过多装饰元素，衣身面料朴素，图案配色典雅，适合青年女子日常穿着。

宝蓝色地碎花纹织锦夹棉旗袍

档号 T001-09-0443

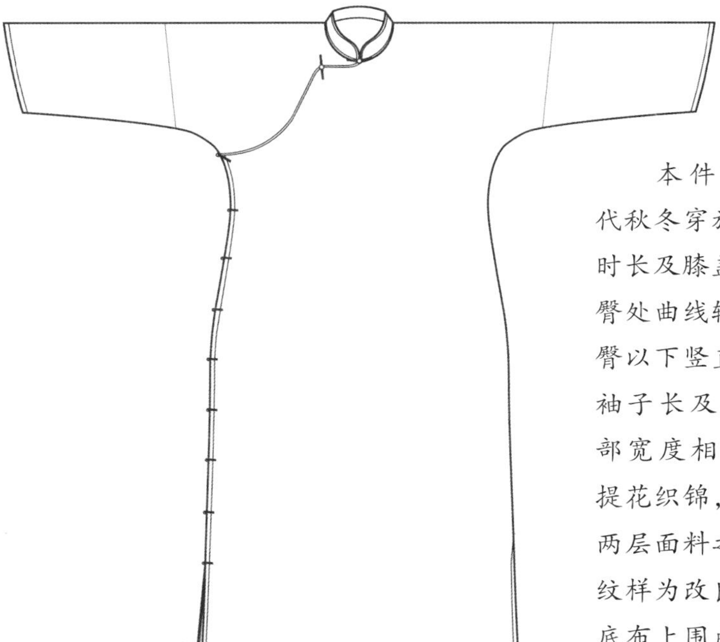

本件旗袍为20世纪40年代秋冬穿旗袍，长度较短，穿着时长及膝盖。衣身合体，身侧腰、臀处曲线轮廓明显，臀部较宽，臀以下竖直，下摆有一定弧度。袖子长及手腕，袖口部与袖根部宽度相同。面料为宝蓝色地提花织锦，里料为紫色真丝绸，两层面料之间有夹棉。面料提花纹样为改良团花纹，黑白线条在底布上围成一个个圆形，圆形内部装饰红、黄、橘、白四色菊花及黑色枫叶和珍珠，团花空隙装饰红、黄、粉、白四色玫瑰花。领边、领圈、大襟、侧摆、底摆、袖口等处装饰有与衣身面料颜色相近的深蓝紫色细包边。系合处用到一字扣，材质与包边相同，领底、胸前大襟上、腋下各一粒，身侧八粒。衣身面料的光泽感及繁复多彩的图案花纹使旗袍整体有华丽庄重的效果，适用于重大礼仪场合。

档号 T001-09-0397

深紫色地团花纹织锦夹旗袍

本件旗袍为20世纪40年代春秋穿旗袍，长度较短，穿着时长及膝盖。衣身宽松合体，适合身材丰满的女士穿着，身侧腰、臀处略有曲线轮廓，臀部较宽，臀以下竖直，下摆有一定弧度。袖子长及手腕，袖口比袖根稍宽，穿着时呈倒大袖。面料为深紫色地紫红色团花纹提花织锦，里料为深紫色真丝绸。面料提花纹样为改良团花纹，大团花为传统卷曲造型，内层为红色，外层为紫色，小团花内为紫色花，外围一圈白底小红花，大团花与小团花间隔、紧密排列，细看可见空隙处密布的红色卷曲纹。领边、领圈、大襟、侧摆、底摆、袖口等处有深紫色细包边。系合处用到一字扣和按扣，领底、胸前大襟上、腋下各一粒一字扣，领面一粒按扣，大襟两粒按扣，身侧三粒按扣。底摆处里料与面料不缝合。袖子拼缝处图案完美接合，拼合痕迹不明显。

深蓝色地菊花纹印花绸夹旗袍

档号 T001-09-0418

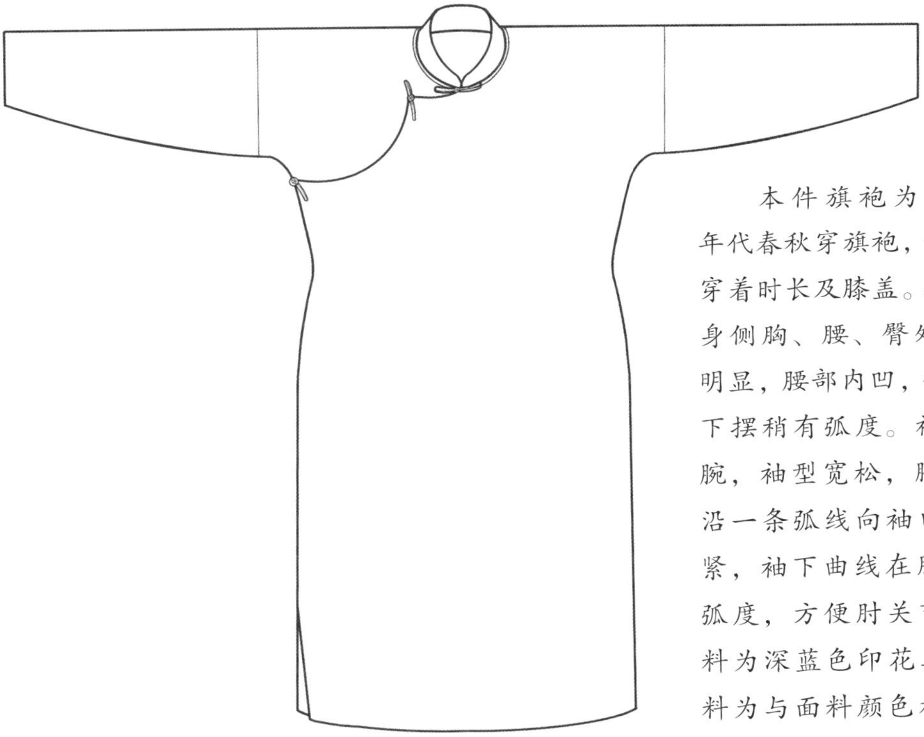

本件旗袍为20世纪40年代春秋穿旗袍，长度较短，穿着时长及膝盖。衣身合体，身侧胸、腰、臀处曲线轮廓明显，腰部内凹，臀部较宽，下摆稍有弧度。袖子长及手腕，袖型宽松，腋下袖根处沿一条弧线向袖口处逐渐收紧，袖下曲线在肘部有明显弧度，方便肘关节弯曲。面料为深蓝色印花真丝绸，里料为与面料颜色相近的深蓝色真丝绸。面料印花纹样为折枝菊花纹，菊花由红色、粉色和白色三色绘成，叶片由红色、粉色两色绘成，色彩、明暗层次丰富，花枝卷曲具有动感。领圈饰有用衣身同种面料制成的细包边，领边、大襟、侧摆、底摆、袖口等处无包边装饰。系合处用到一字扣和按扣，一字扣为衣身同款面料制成，领底、胸前大襟上、腋下各一粒，身侧设置三粒按扣。色调暗沉且围度大，为年老身宽者穿着的一件旗袍。

深蓝色地几何枝叶纹织锦夹驼绒旗袍

档号 T001-09-0435

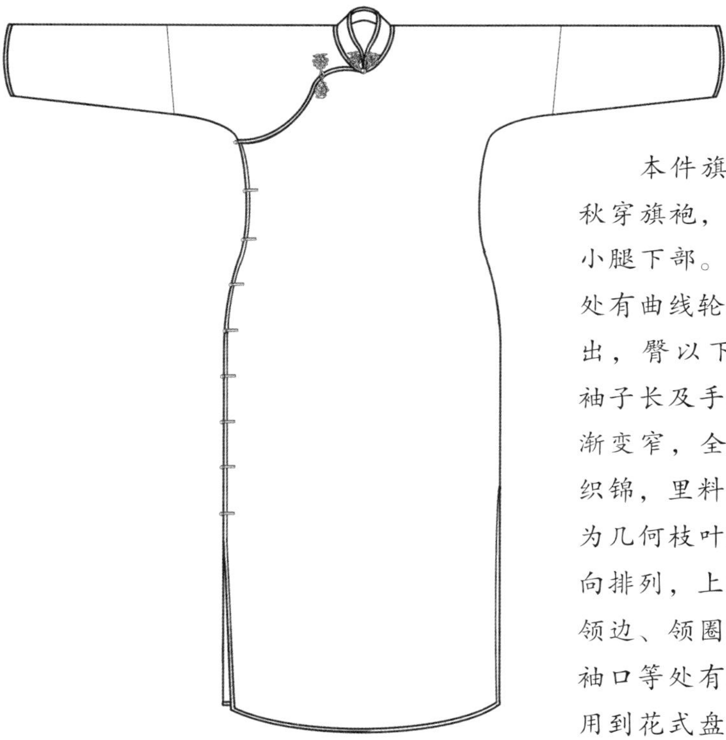

本件旗袍为20世纪50年代春秋穿旗袍，长度较长，穿着时长及小腿下部。衣身合体，身侧腰、臀处有曲线轮廓，腰部内凹，臀部凸出，臀以下竖直，下摆有弧度。袖子长及手腕，袖根部到袖口部逐渐变窄，全开襟形式。面料为提花织锦，里料为驼绒。面料提花纹样为几何枝叶纹，红、蓝两色枝叶竖向排列，上有红色半圆波纹装饰。领边、领圈、大襟、侧摆、底摆、袖口等处有深蓝色细包边。系合处用到花式盘扣、一字扣和按扣，花式盘扣、一字扣与包边同色，花式盘扣盘成半圆菊花形，领面、胸前大襟上各一粒花式盘扣，腋下一粒一字扣，身侧八粒一字扣，最后一粒扣与左边开衩同高，大襟上设置两粒按扣。面料与里料等大，两者在侧摆处缝合，底摆处不缝合。

紫色地暗蝴蝶纹提花缎夹棉旗袍

档号 T001-09-0420

本件旗袍为20世纪50年代秋冬穿旗袍，长度较短，穿着时长及膝盖。衣身合体，身侧胸、腰、臀处曲线轮廓明显，腰部内凹，臀部较宽，臀以下竖直，下摆稍有弧度。袖子长及手腕，袖型宽松，腋下袖根处沿一条弧线向袖口处逐渐收紧，在手腕处弧线变为直线，袖下曲线在肘部有明显弧度，方便肘关节活动。面料为紫色地蝴蝶暗纹提花缎，里料为咖啡色真丝绸。面料提花纹样为蝴蝶，不同大小、不同姿态的暗纹蝴蝶布满面料。领边、领圈、大襟、侧摆、底摆、袖口等处无包边装饰。系合处用到拉链、按扣和风纪扣，领面上两粒风纪扣，胸前大襟上三粒按扣，腋下一粒按扣，身侧为拉链。里料与面料等大，两者在侧摆处缝合，底摆处不缝合。袖子腕部开衩，左右各设置两粒按扣。

宝蓝色地松针纹织锦夹棉旗袍

档号 T001-09-0433

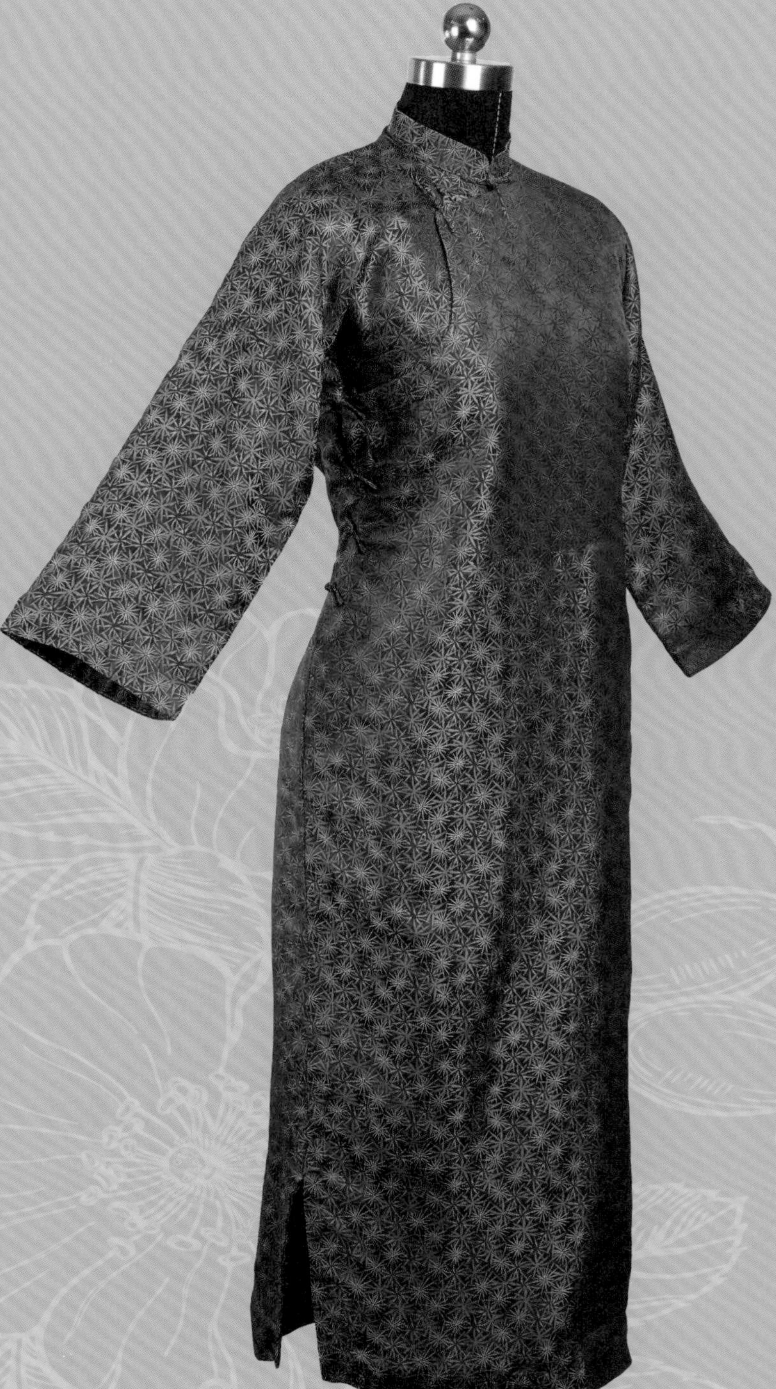

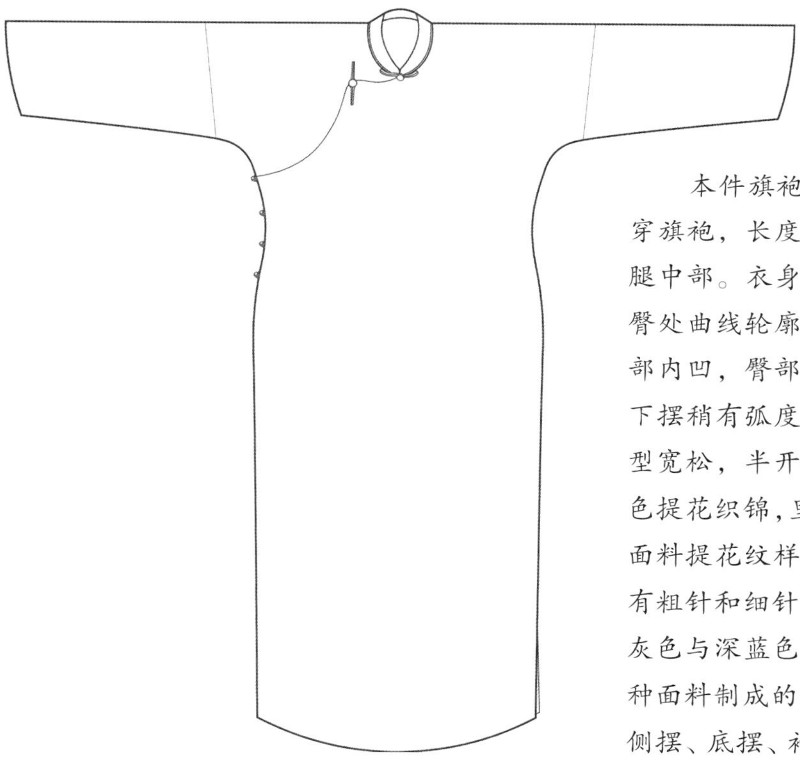

本件旗袍为20世纪50年代冬穿旗袍，长度中等，穿着时长及小腿中部。衣身合体，身侧胸、腰、臀处曲线轮廓明显，胸部凸出，腰部内凹，臀部较宽，臀以下笔直，下摆稍有弧度。袖子长及手腕，袖型宽松，半开襟形式。面料为宝蓝色提花织锦，里料为深紫色真丝绸。面料提花纹样为类似松针的纹样，有粗针和细针两种，配色有米白色、灰色与深蓝色。领圈饰有用衣身同种面料制成的细包边，领边、大襟、侧摆、底摆、袖口等处无包边装饰。系合处用到一字扣，一字扣由与衣身相同的织锦面料制成，领底、胸前大襟上、腋下各一粒，身侧三粒。侧摆处衣身面料包裹里料，下摆处里料与面料不缝合，里料内有夹棉。曲线廓形使全身立体造型明显，领子较低，穿着舒适性强。

紫色地花卉纹织锦夹棉旗袍

档号 T001-09-0372

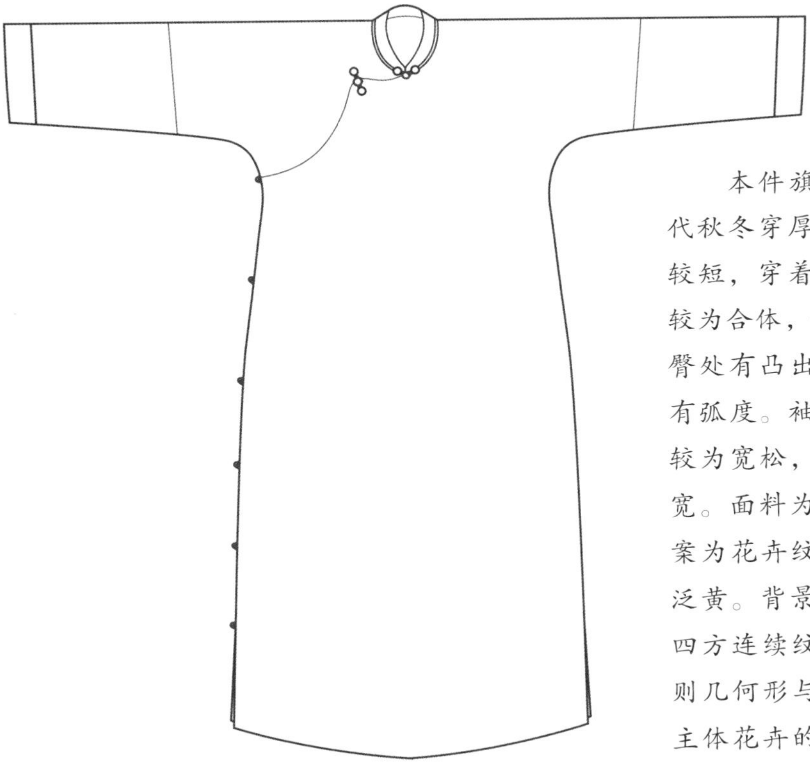

本件旗袍为20世纪50年代秋冬穿厚款夹棉旗袍，长度较短，穿着时长及膝盖。衣身较为合体，侧腰处有略微收腰，臀处有凸出曲线轮廓，下摆处有弧度。袖子长及手腕，袖型较为宽松，袖根部与袖口部同宽。面料为紫色提花织锦，图案为花卉纹样，前身面料稍有泛黄。背景暗纹提花为几何形四方连续纹，主体纹样为不规则几何形与花卉的组合纹样。主体花卉的单片花瓣放大后与不规则几何形相结合，花卉主体为实心，几何形为双线描边。四周散落有小型几何图案、小花卉和由圆形组合而成的小纹样。领底、胸前大襟上、腋下分别有一粒盘香扣，身侧共有五粒盘香扣。领圈饰有用衣身同种面料制成的细包边，领边、大襟、侧摆、底摆及袖口均无包边，里衬为灰色衬布夹棉。

深蓝色地暗几何纹提花绸夹棉旗袍

档号 T001-09-0444

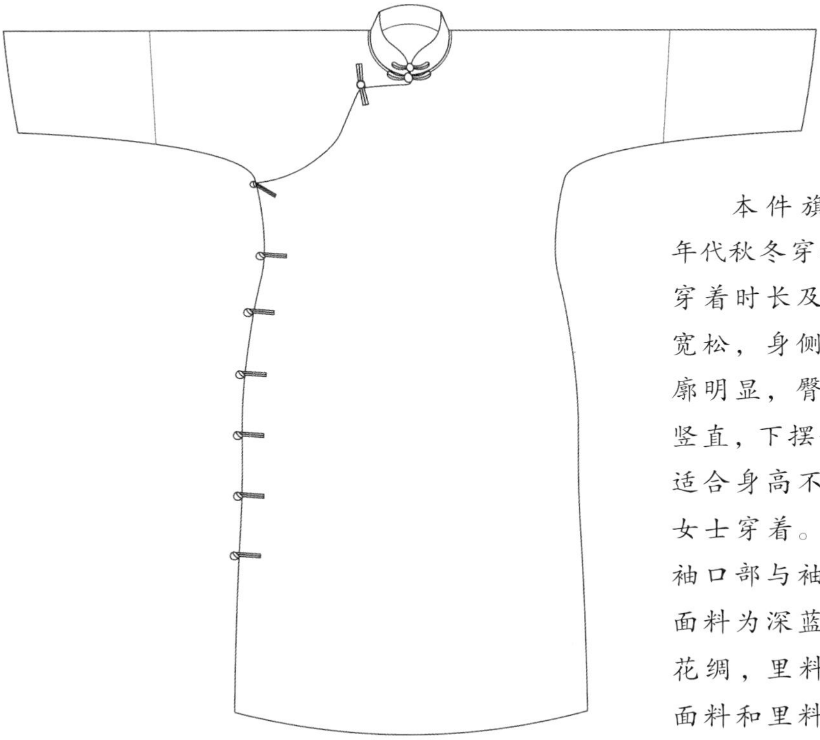

本件旗袍为20世纪50年代秋冬穿旗袍，长度中等，穿着时长及小腿中部。衣身宽松，身侧腰、臀处曲线轮廓明显，臀部较宽，臀以下竖直，下摆平直几乎无弧度，适合身高不高且身材丰满的女士穿着。袖子长及手腕，袖口部与袖根部宽度相同。面料为深蓝色地几何暗纹提花绸，里料为同色提花绸，面料和里料之间夹棉。面料提花纹样为45度斜向排列长方形，长方形边缘内凹，内部有反光效果，外部有暗纹。领圈饰有用衣身同种面料制成的细包边，领边、大襟、侧摆、底摆、袖口等处无包边装饰。扣子均为与衣身面料相同的一字扣，领上两粒，胸前大襟上一粒，腋下一粒，身侧六粒，整体简洁无装饰。

紫色地条纹提花绸夹旗袍

档号 T001-09-0401

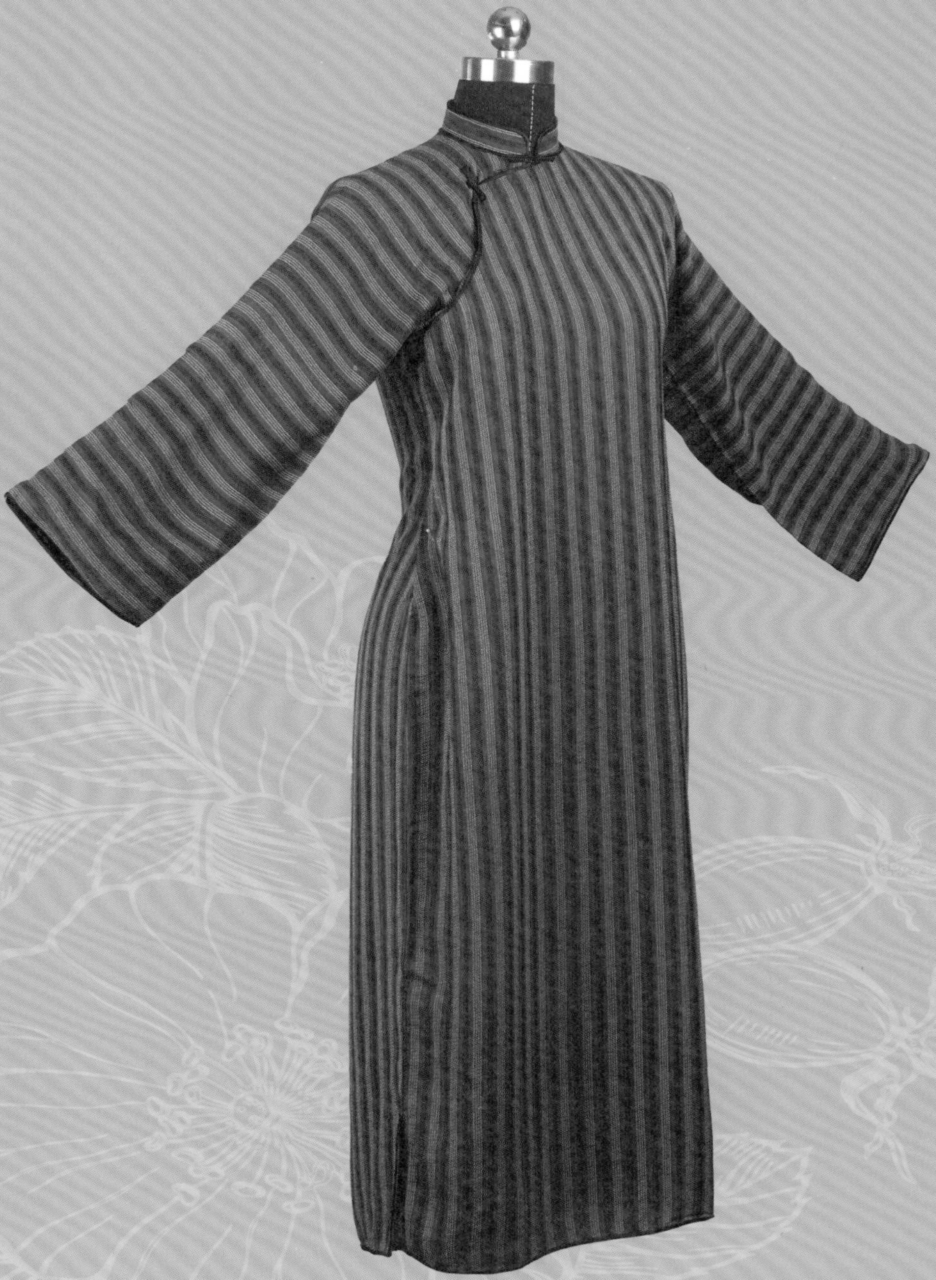

本件旗袍为20世纪50年代春秋穿薄款旗袍，长度中等，穿着时长及小腿中部。衣身宽松，身侧腰、臀处稍有曲线轮廓，腰部内凹，臀部凸出，臀以下竖直，下摆有弧度。袖子长及手腕，袖型宽松，袖口部与袖根部同宽。面料为紫色提花真丝绸，里料为深紫色真丝绸。面料纹样为黑、白两色间隔竖向条纹，白色条纹由四条有间隔的白线构成，黑色条纹由斜向黑线组成，间隔处露出紫色底布，使条纹之间过渡自然，没有明显突兀的颜色分界。领边、领圈、大襟、侧摆、底摆及袖口都饰有与面料颜色相近的暗紫色细包边。系合处用到一字扣和按扣，领底、胸前大襟上、腋下各有一粒一字扣，身侧有三粒按扣。里料与面料大小相同，两者在侧摆处缝合，底摆处不缝合。低领，无各种装饰元素，面料材质与图案质朴无华，为中年女性日常穿着的一款旗袍。

档号

T001-09-0457

蓝色地花卉纹织锦夹驼绒旗袍

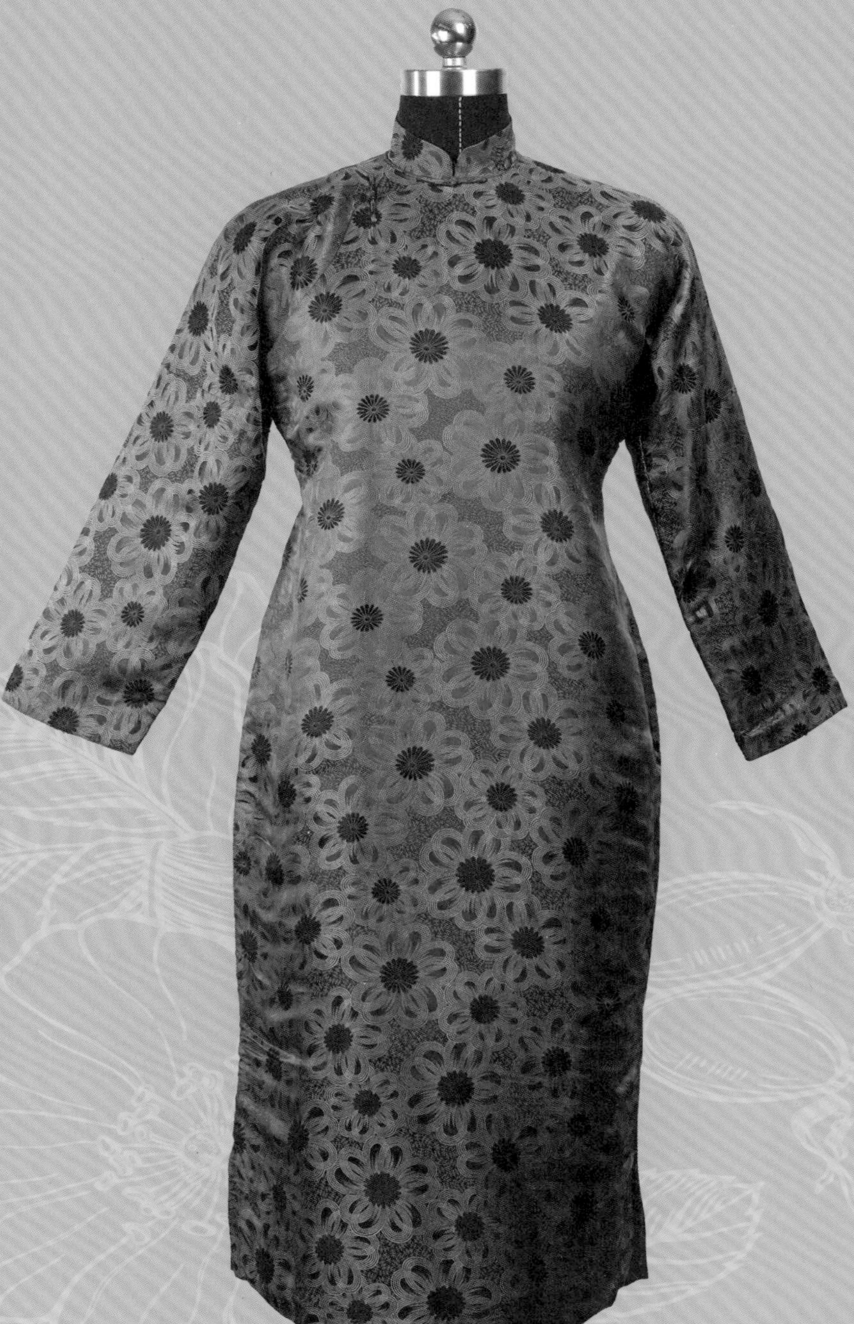

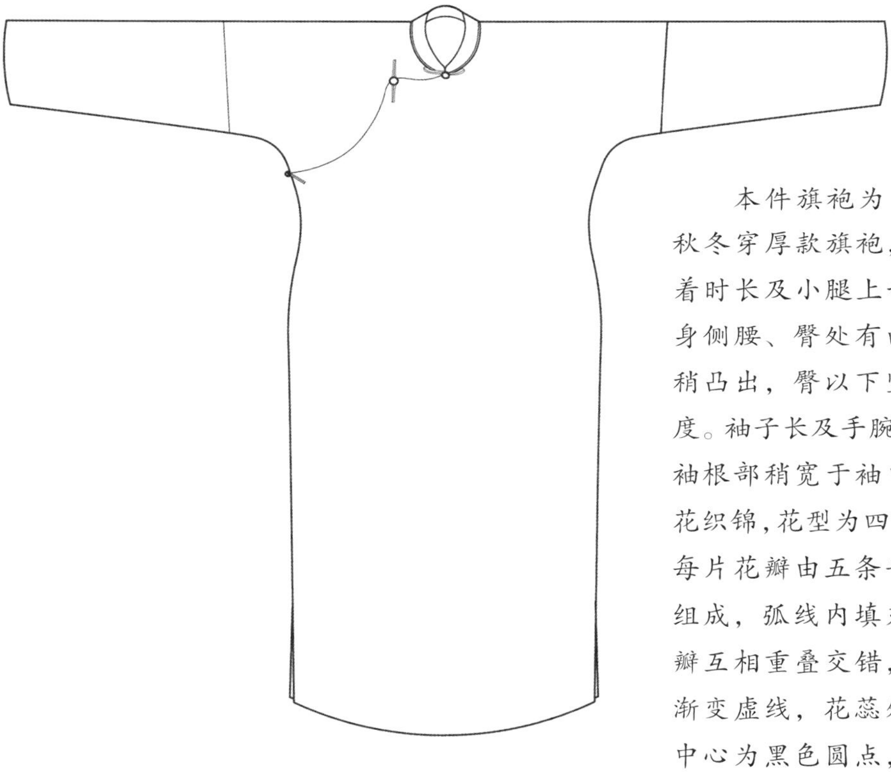

本件旗袍为20世纪50年代秋冬穿厚款旗袍，长度中等，穿着时长及小腿上部。衣身合体，身侧腰、臀处有曲线轮廓，臀部稍凸出，臀以下竖直，下摆有弧度。袖子长及手腕，袖型稍合体，袖根部稍宽于袖口部。面料为提花织锦，花型为四方连续的花卉，每片花瓣由五条平行的金色弧线组成，弧线内填充蓝色底布，花瓣互相重叠交错，靠近花蕊处有渐变虚线，花蕊处为黑色花朵，中心为黑色圆点，花朵四周由叶子填充。近观可见面料有肌理感，花瓣有光泽感。领圈饰有用衣身同种面料制成的细包边，领边、大襟、侧摆、底摆、袖口等处无包边装饰。领底、胸前大襟上、腋下各有一粒一字扣，身侧有三粒按扣，下摆开衩较短。内部为驼绒夹里，里衬短于面料，下摆处里衬与面料不缝合。

浅蓝色地牡丹花纹刺绣绸夹旗袍

档号 T001-09-0377

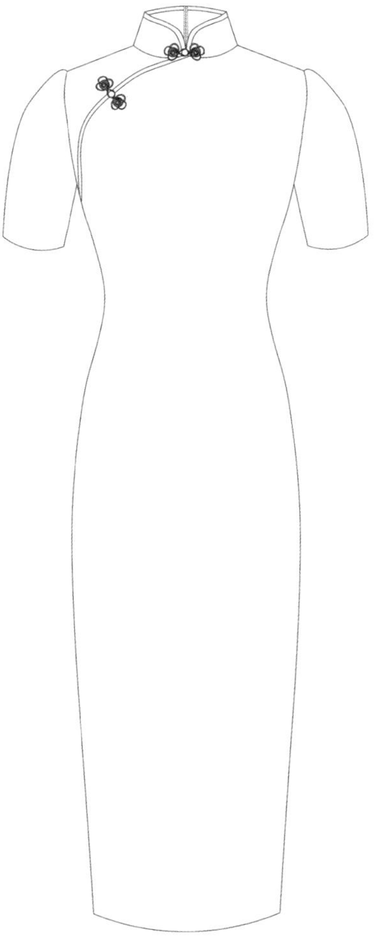

本件旗袍为现代夏穿旗袍，是为2014年亚太经济合作组织（APEC）第二十二次领导人非正式会议所设计的。本件旗袍长度较长，穿着时长及脚踝。衣身较为合体，身侧腰、臀处稍有曲线轮廓，腰部有腰省，两侧均有收腰，臀部稍凸出，臀以下逐渐收紧，下摆稍有弧度。袖子较短，袖型宽松，袖口部稍窄于袖根部。面料为浅蓝色真丝绸，大身前侧下方有手绣牡丹花纹样，用四种蓝色的绣线做渐变。牡丹花瓣呈卷曲状，叶子与枝条相互穿插，枝条、叶子、花瓣均呈渐变色。领口、胸前大襟上各有一粒花式盘扣，门襟为假襟，不能开合，背后装有隐形拉链，方便穿脱。领子在后背拉链上方另有开衩，设置三粒按扣。领边、大襟饰有深蓝色包边，后侧裙摆中间有开衩。里衬为水蓝色真丝绸，与面料大小相同。

芳华掠影 FANGHUA LÜEYING

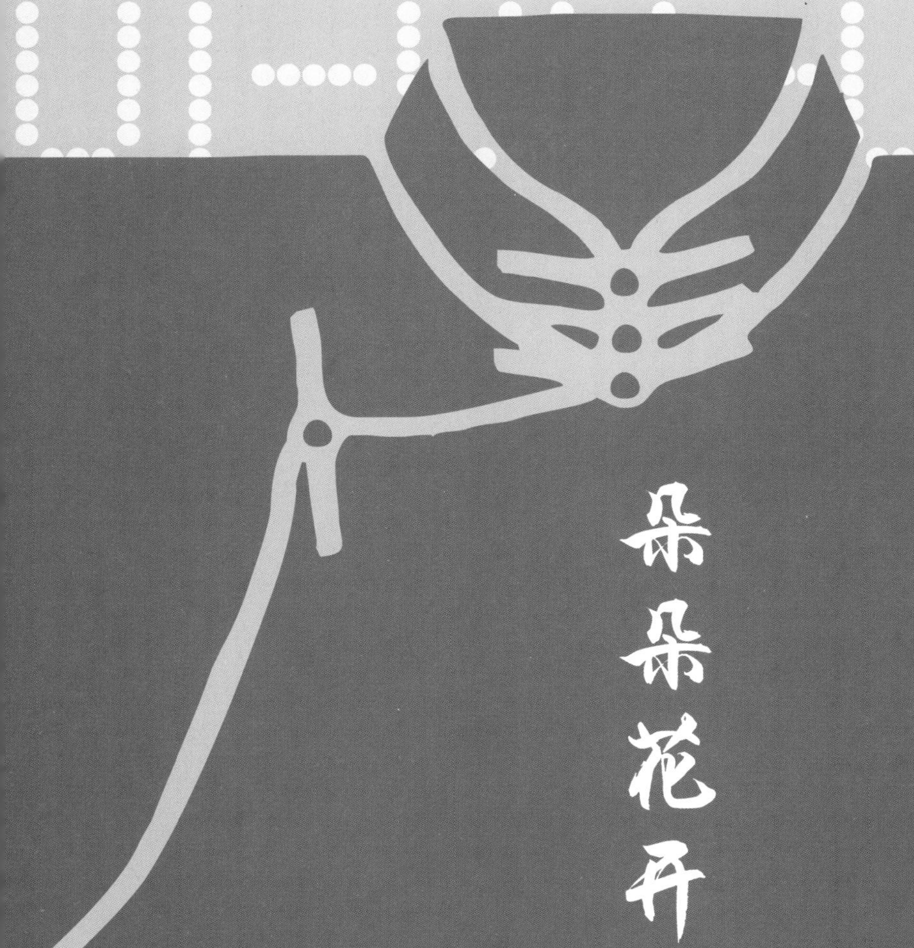

朵朵花开淡墨痕

暗绿色地暗花卉纹提花绢夹短衫

档号 T001-09-0369

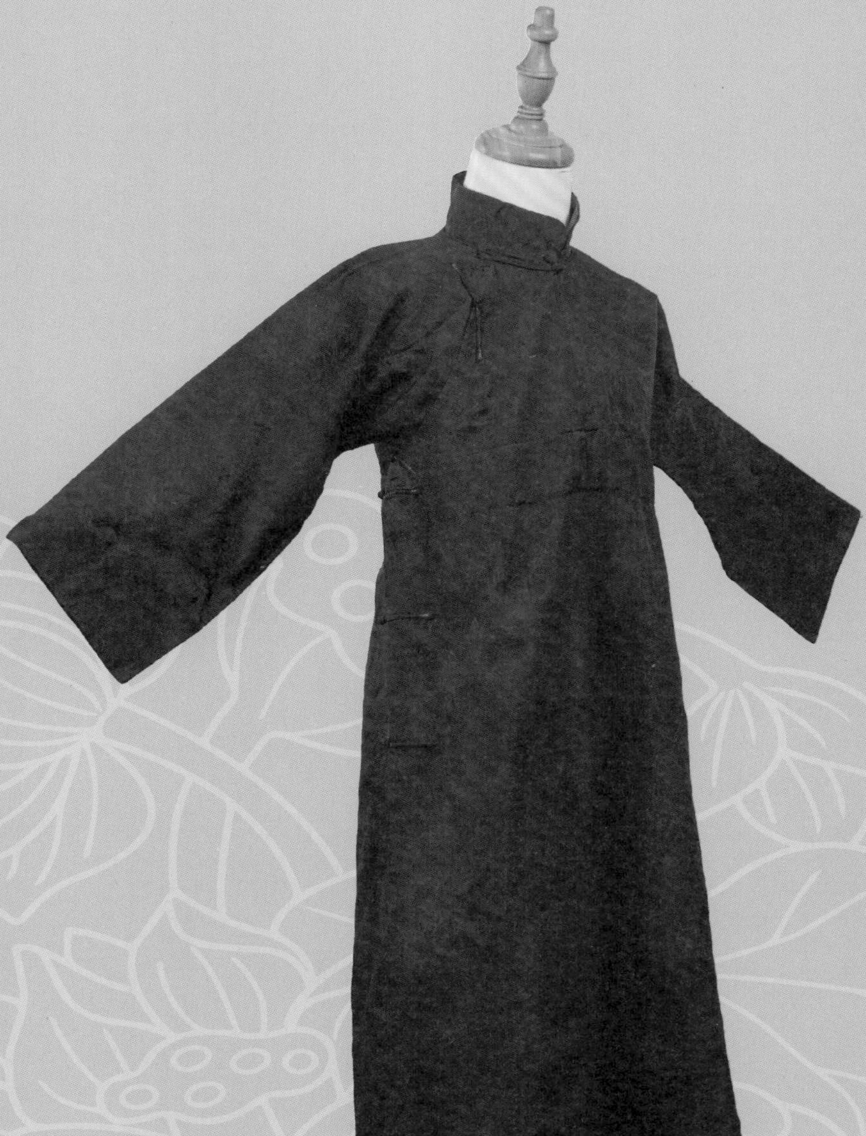

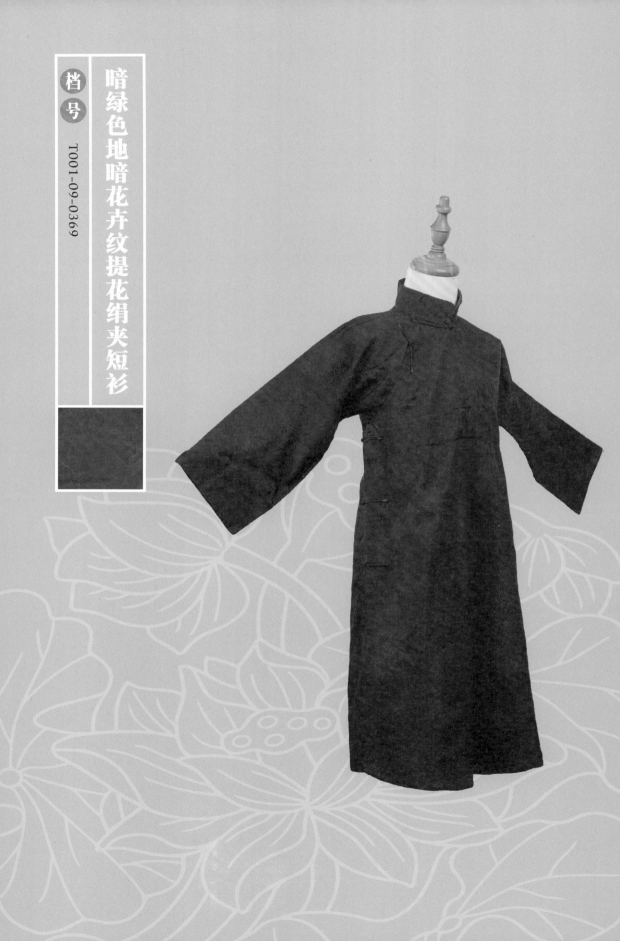

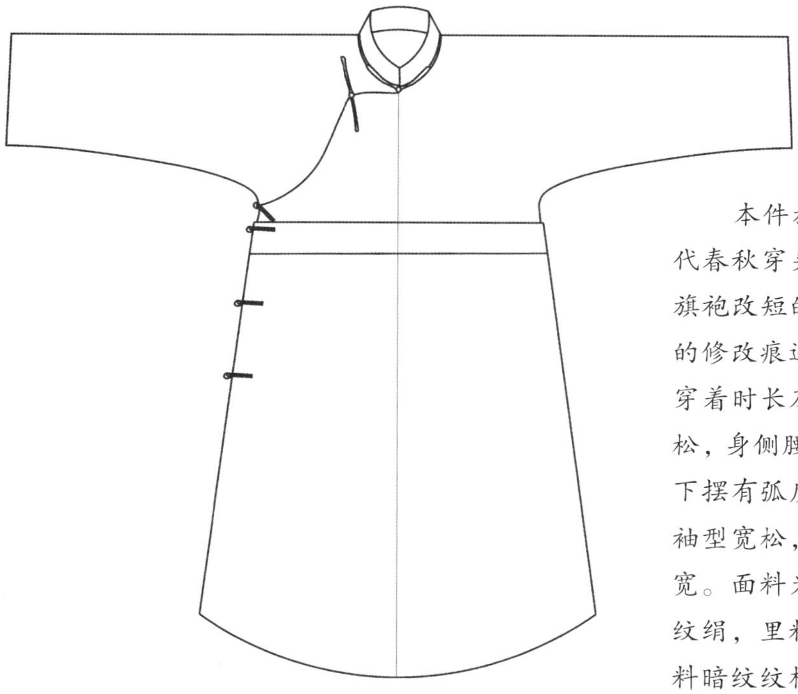

本件旗袍为20世纪10年代春秋穿夹短衫，是由一件长旗袍改短的，胸部附近有明显的修改痕迹，修改后长度较短，穿着时长及大腿中部。衣身宽松，身侧腰、臀处无曲线轮廓，下摆有弧度。袖子长及手腕，袖型宽松，袖口部与袖根部同宽。面料为暗绿色真丝提花暗纹绢，里料为绿色真丝绸。面料暗纹纹样为组合花卉，组合花卉的大花朵与小花朵之间互相重叠，枝条相互缠绕，下方为牛角形壁挂花瓶，整体花卉暗纹呈现不规则排布。背面因连裁原因，花卉图案朝向与正面相反。短衫中间有重制改造痕迹，中间面料呈截断状态，整体缩短。系合处用到一字扣，领底、胸前大襟上、腋下各一粒，身侧三粒。领圈饰有用衣身同种面料制成的细包边，领边、大襟、侧摆、底摆、袖口等处无包边装饰。里料与面料大小相同，两者在侧摆、底摆处均缝合。

黑色地团花纹织锦旗袍

档号 T001-09-0370

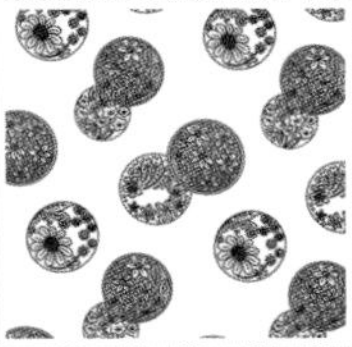

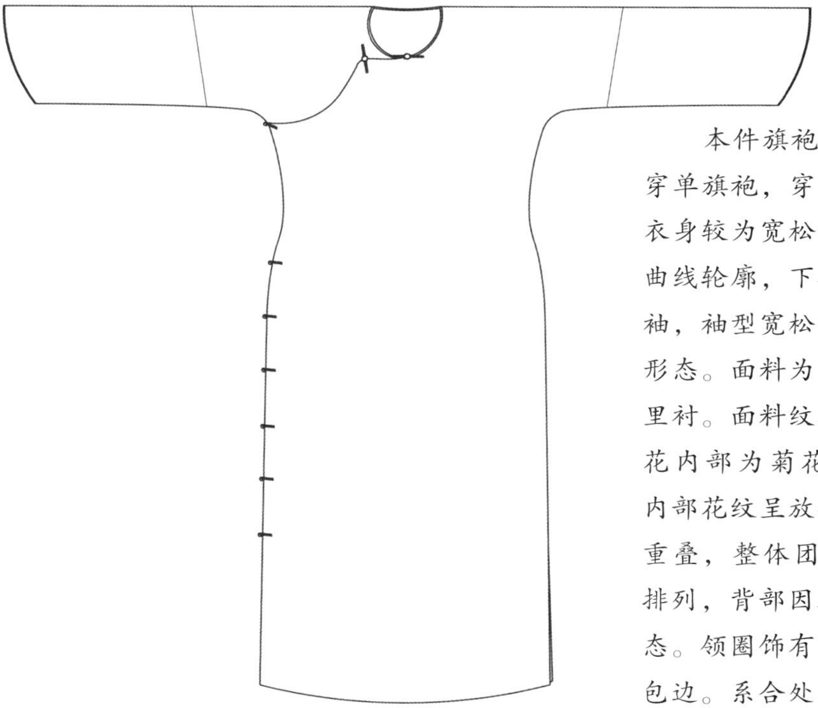

本件旗袍为20世纪30年代夏穿单旗袍，穿着时长及小腿中部。衣身较为宽松，身侧腰、臀处稍有曲线轮廓，下摆有弧度。袖子为长袖，袖型宽松，整个袖子呈倒大袖形态。面料为黑色地提花织锦，无里衬。面料纹样为团花纹，部分团花内部为菊花缠枝纹，部分团花内部花纹呈放射状，不同团花互相重叠，整体团花呈45度四方连续排列，背部因连裁原因呈倒花型状态。领圈饰有与面料颜色相同的细包边。系合处用到一字扣，领口、胸前大襟上、腋下各一粒，身侧六粒。

黑色地五彩团花纹织锦夹旗袍

档号 T001-09-0419

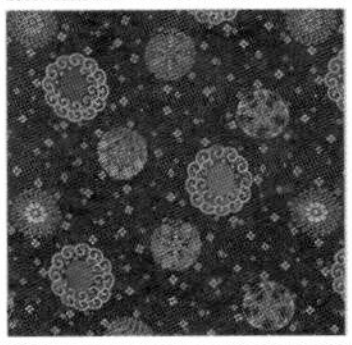

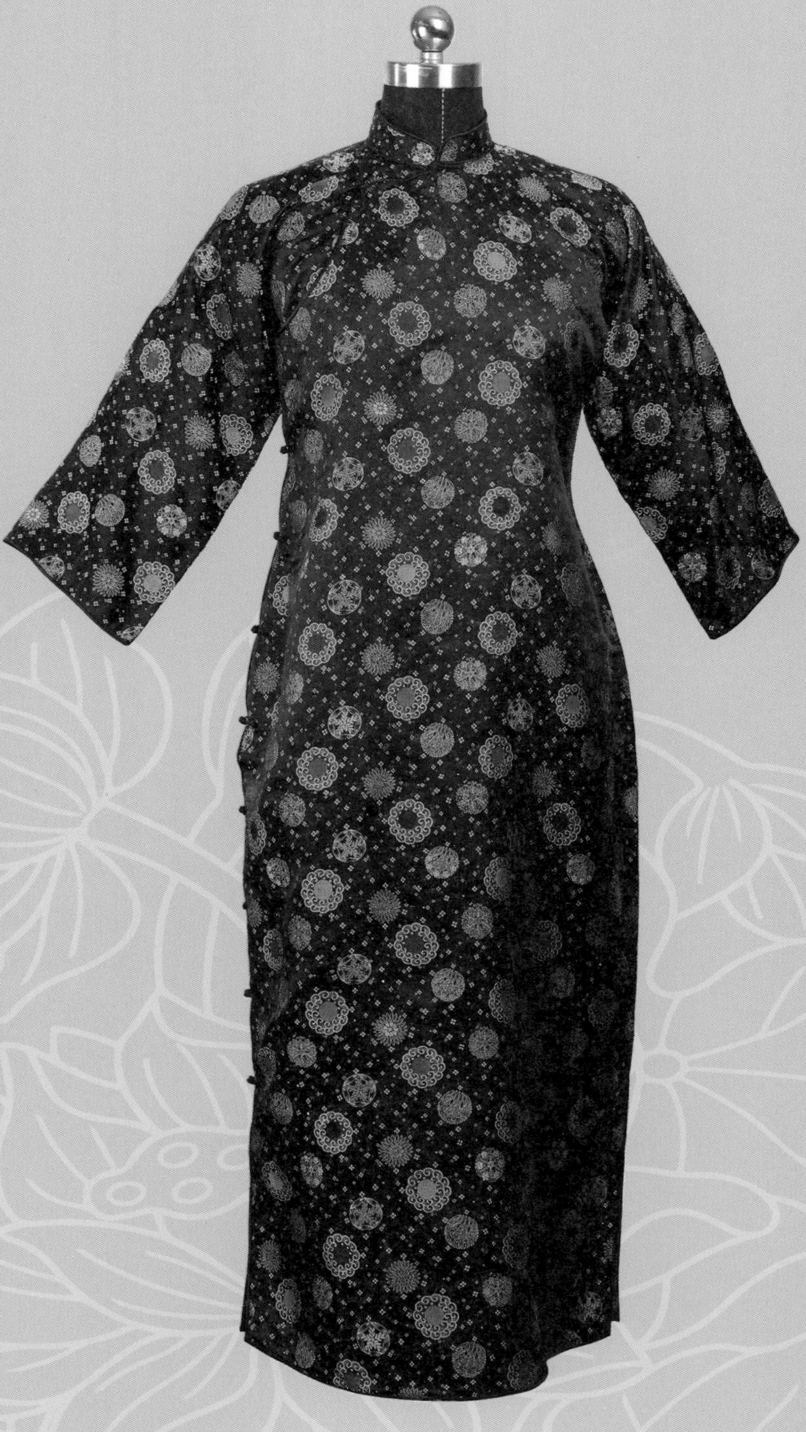

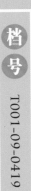

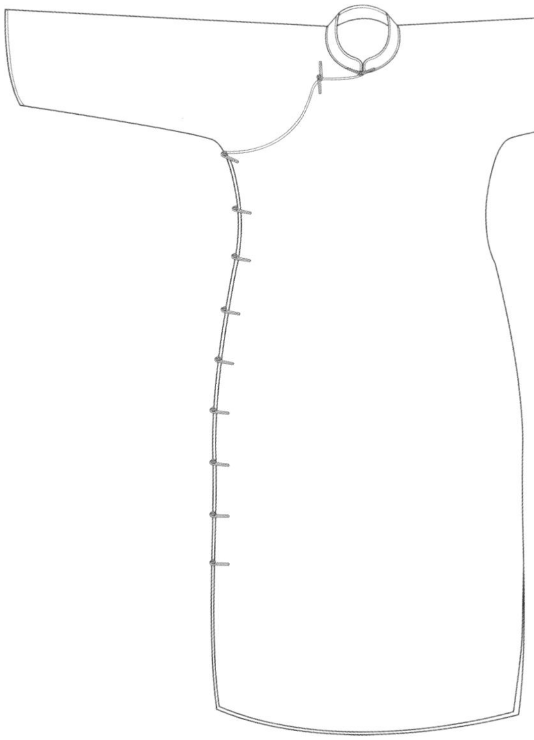

本件旗袍为20世纪30年代春秋穿旗袍，长度中等，穿着时长及小腿中部。衣身宽松合体，身侧腰、臀处有曲线轮廓，臀部凸出，臀以下竖直，下摆稍有弧度。袖子长及手腕，袖型宽松，袖根部与袖口部同宽。面料为黑色地提花织锦，里料为红色真丝绸。面料纹样为小团花纹，团花轮廓为白色，由多种团花呈散点式排布，团花内填充白、黄、紫、绿、红等色，团花之间装饰有蓝、白两色小方块散点。领边、领圈、大襟、侧摆、底摆及袖口有黑色细包边。系合处用到一字扣，领底、胸前大襟上、腋下各一粒，身侧八粒。

黑色地花卉纹织锦夹棉旗袍

档号 T001-09-0436

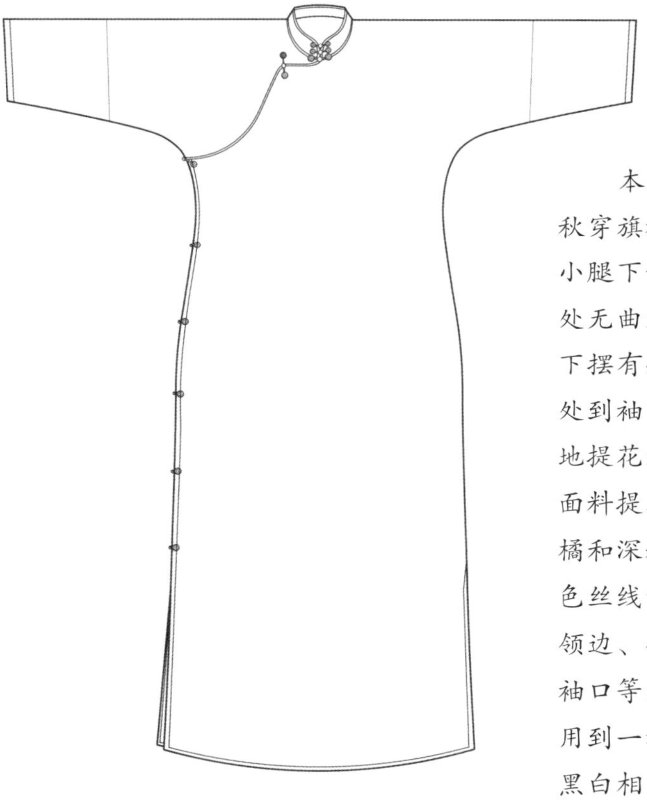

本件旗袍为20世纪30年代春秋穿旗袍，长度较长，穿着时长及小腿下部。衣身宽松，身侧腰、臀处无曲线轮廓，臀部以下逐渐放宽，下摆有弧度。袖子长及小臂，袖根处到袖口处逐渐收窄。面料为黑色地提花织锦，里料为浅粉色真丝绸。面料提花纹样为花卉，填充浅粉、橘和深粉三种颜色的花朵与填充金色丝线的花朵间隔排列，虚实结合。领边、领圈、大襟、侧摆、底摆、袖口等处有黑色细包边。系合处只用到一种花式盘扣，盘扣尾部盘成黑白相间的圆盘，领面上两粒，领底、胸前大襟上、腋下各一粒，身侧五粒。里料与面料在侧摆和底摆处均缝合。

深咖啡色地散点纹提花绸夹旗袍

档号 T001-09-0381

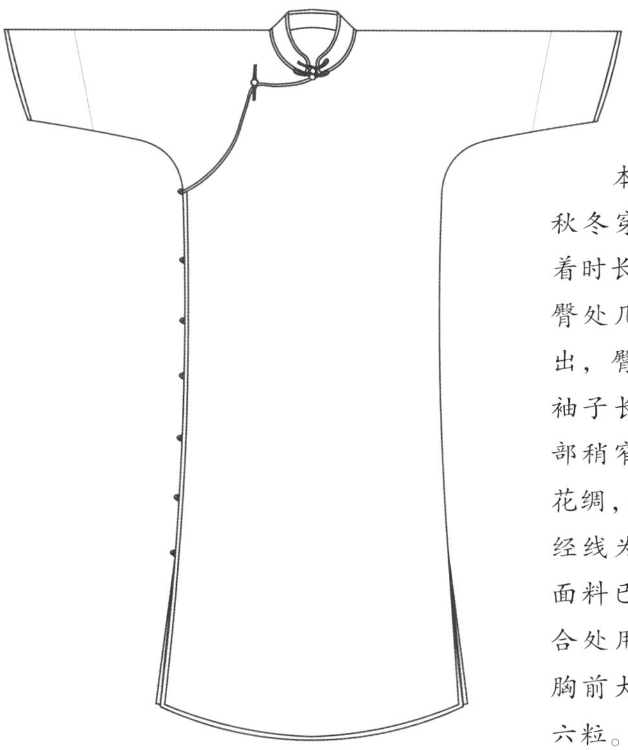

本件旗袍为20世纪30年代秋冬穿厚款旗袍，长度较长，穿着时长及脚踝。衣身宽松，身侧腰、臀处几乎无曲线轮廓，臀部稍凸出，臀以下竖直，下摆有弧度。袖子长及小臂，袖型宽松，袖口部稍窄于袖根部。面料为深色提花绸，近观可见面料纬线为黑色，经线为咖啡色。由于长期穿着，面料已褪色并有污渍和破损。系合处用到一字扣，领面、领底、胸前大襟上、腋下各一粒，身侧六粒。领边、领圈、大襟、侧摆、底摆及袖口处均有与面料颜色相同的包边，最后一粒扣与左边开衩同高。里料为灰色真丝绸，大小与面料大致相同。

咖啡色地暗几何纹提花绸夹旗袍

档号 T001-09-0382

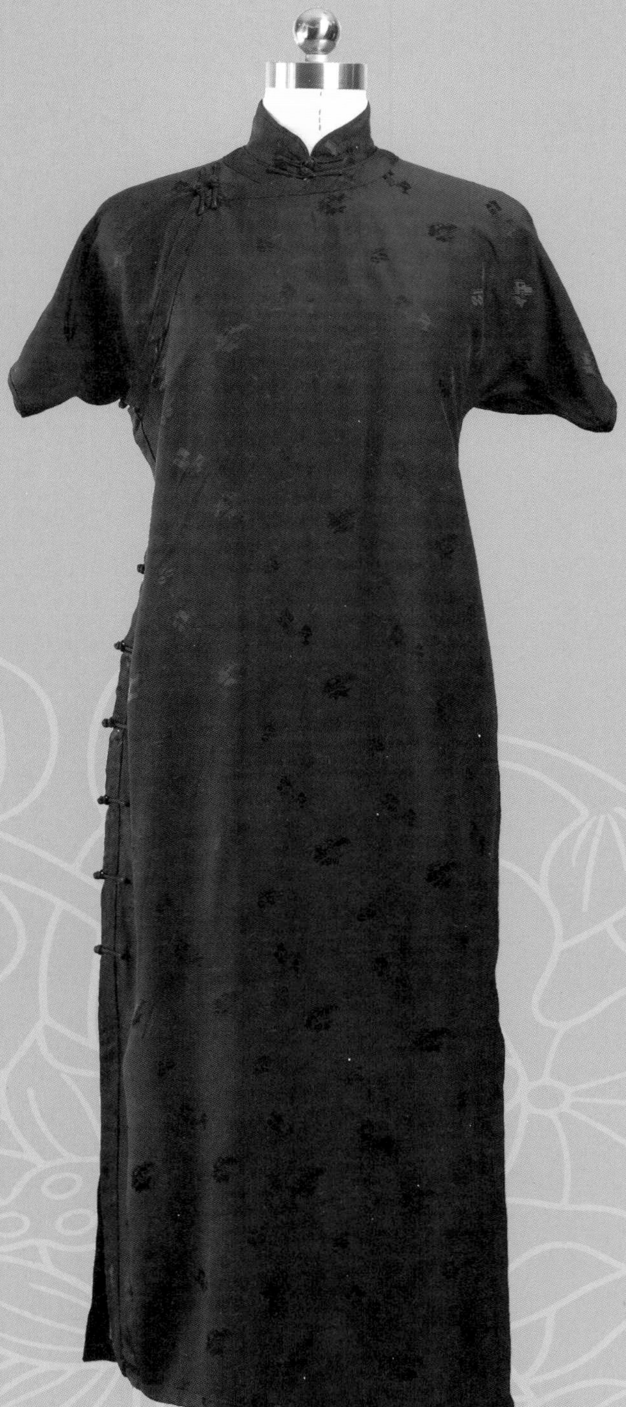

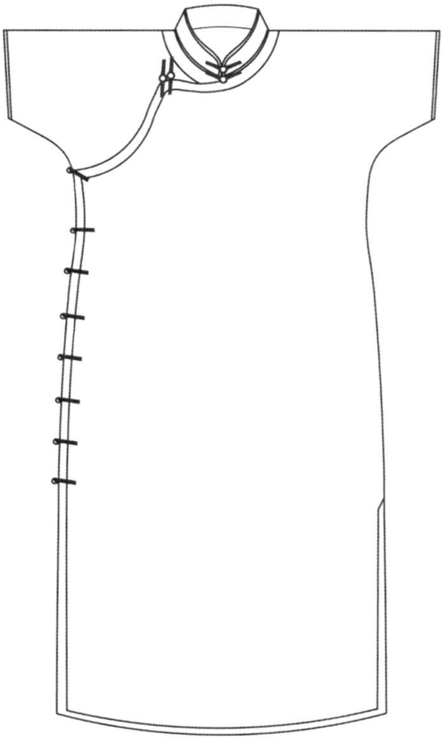

本件旗袍为20世纪30年代夏穿旗袍，长度中等，穿着时长及小腿中部。衣身宽松合体，身侧腰、臀处稍有曲线轮廓，臀部较宽，臀以下竖直，下摆稍有弧度。袖子为短袖，长度仅及腋下部。面料为咖啡色提花真丝绸，里料为同色真丝绸。面料提花纹样为复杂几何纹，由长方形、正方形、三角形、椭圆形、直线等组合成三种不同的图案。相同的图案排成一排，中间间隔一定的空隙。三种图案排成三排，并依次循环。领边、袖口饰有咖啡色细包边，大襟、侧摆、底摆饰有与衣身面料相同的宽包边，领圈内侧饰有细包边，外侧饰有宽包边。系合处用到一字扣，一字扣面料与包边面料一致，领面上一粒，领底一粒，胸前大襟上两粒，腋下一粒，身侧七粒。里料与面料在侧摆和底摆处均缝合。

黑色地暗花卉纹织锦夹毛旗袍

档号 T001-09-0383

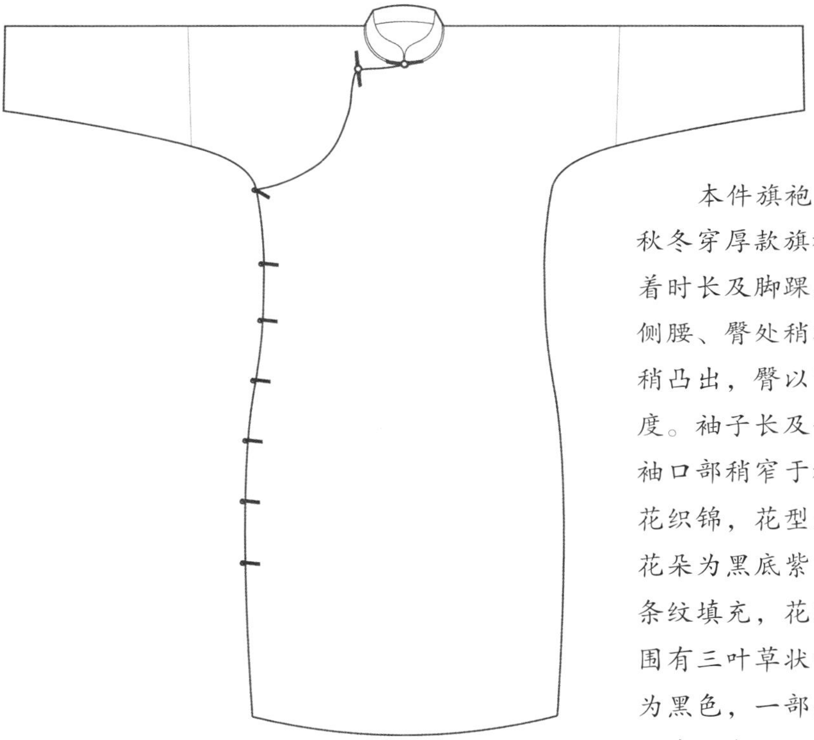

本件旗袍为20世纪30年代秋冬穿厚款旗袍，长度较长，穿着时长及脚踝。衣身稍宽松，身侧腰、臀处稍有曲线轮廓，臀部稍凸出，臀以下竖直，下摆有弧度。袖子长及手腕，袖型宽松，袖口部稍窄于袖根部。面料为提花织锦，花型为组合花卉，中心花朵为黑底紫色描边，花瓣中有条纹填充，花芯为紫色圆点，周围有三叶草状叶片，叶片一部分为黑色，一部分为灰色，花卉周围有灰色叶子暗纹。整体组合花卉成组出现。近观可见面料上有条纹肌理。领圈饰有与衣身面料相同的细包边。领底、胸前大襟上、腋下分别有一粒一字扣，身侧共有六粒一字扣，最后一粒扣与左边开衩同高。里料为羊毛料，大小与面料大致相同。

黑色地几何红叶纹刺绣绸夹毛旗袍

档号

T001-09-0445

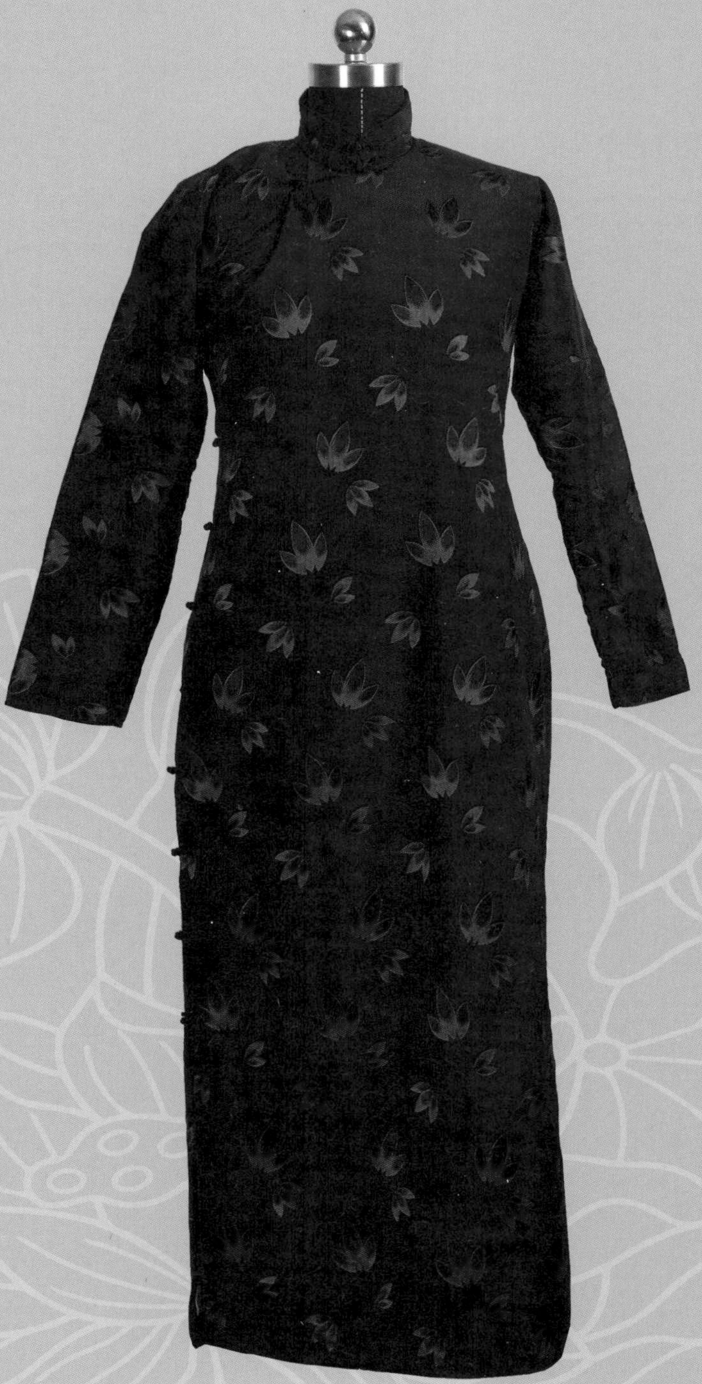

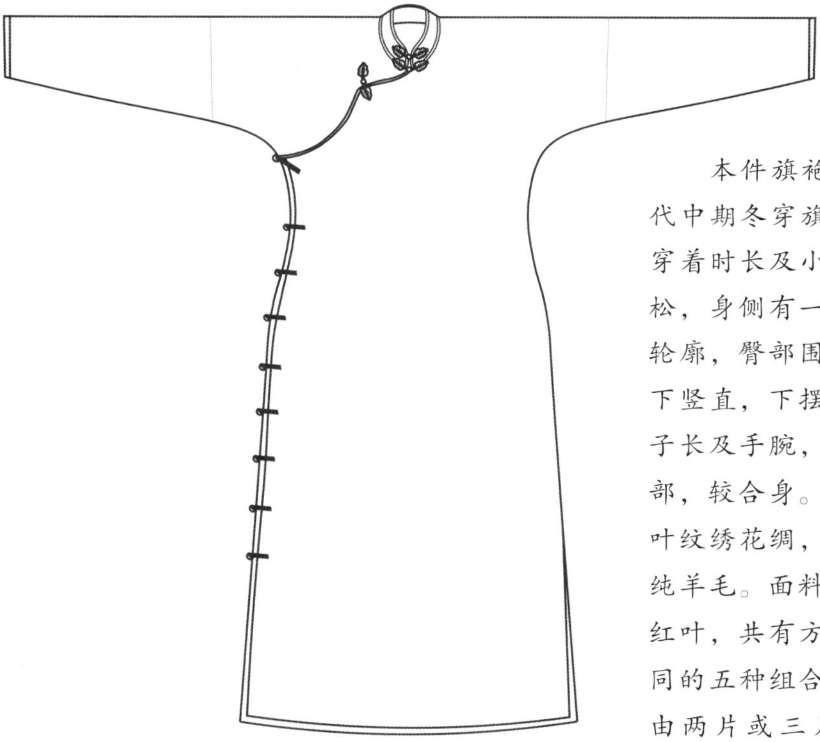

本件旗袍为20世纪30年代中期冬穿旗袍，长度中等，穿着时长及小腿中部。衣身宽松，身侧有一定的腰、臀曲线轮廓，臀部围度稍放宽，臀以下竖直，下摆平直无弧度。袖子长及手腕，袖口部窄于袖根部，较合身。面料为黑色地红叶纹绣花绸，里料为卷曲白色纯羊毛。面料提花纹样为几何红叶，共有方向、大小各不相同的五种组合红叶，每组红叶由两片或三片橄榄形叶片拼成，叶片由红色渐变为黑色。领边、领圈、大襟、侧摆、底摆、袖口等处有黑色绸缎包边。系合处用到花式盘扣和一字扣，扣子材料也是黑色绸缎，领上两粒黑色叶子形状盘扣，胸前大襟上一粒同样的盘扣，腋下一粒黑色一字扣，身侧八粒黑色一字扣。领、胸处旗袍结构线被隐藏，大襟弧度大，减少腋下厚重面料堆积。

深咖啡色地几何纹提花绸夹旗袍

档号 T001-09-0423

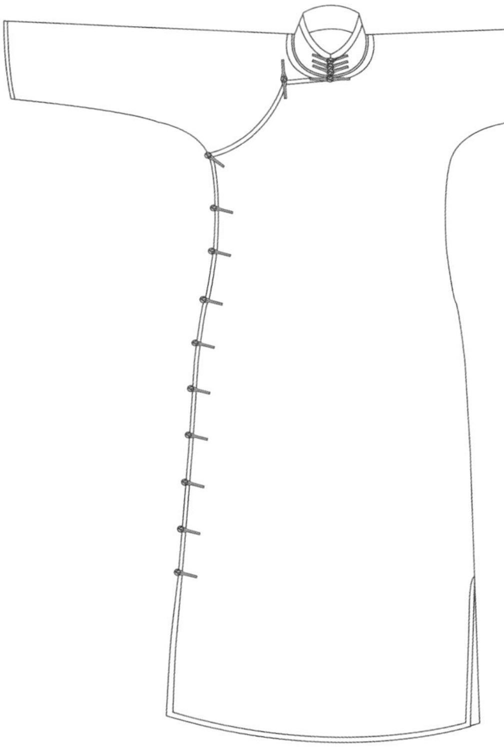

本件旗袍为20世纪30年代春秋穿厚款旗袍，长度较长，穿着时长及脚踝。衣身宽松合体，身侧腰、臀处稍有曲线轮廓，臀部较宽，臀以下开始逐渐放宽，下摆有弧度。袖子长及手腕，袖口部与袖根部同宽。面料为深咖啡色暗花纹提花绸，里料为同色真丝绸。面料提花纹样为平行四边形、水滴形和弧线组成的图案，图案散发丝线的光泽，有不同的大小和方向，呈散点式排布。领边、大襟、侧摆、底摆、袖口饰有褐色稍宽包边，领圈内侧饰有褐色细包边，外侧饰有褐色稍宽包边。系合处用到一字扣，扣子与包边同色，领面上三粒，领底一粒，胸前大襟上一粒，腋下一粒，身侧九粒。里料与面料等大，两者在侧摆和底摆处均缝合，中间夹棉。旗袍整体装饰极简，风格沉静暗雅。

黑色地散点纹提花绢夹棉旗袍

档号 T001-09-0424

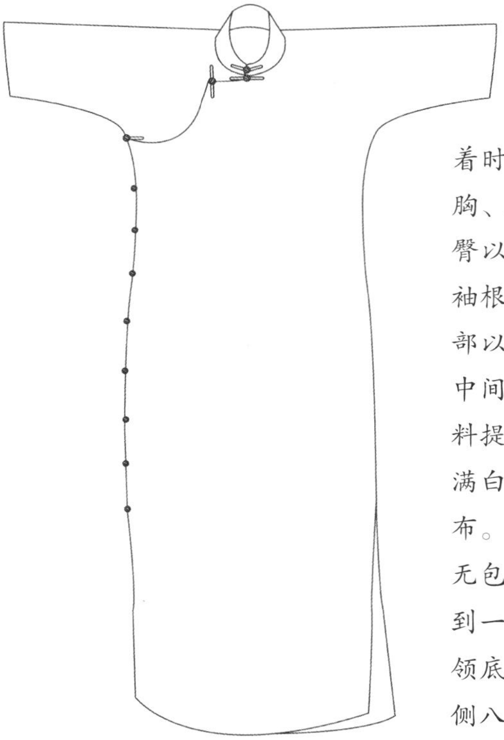

本件旗袍为20世纪30年代春秋穿旗袍，长度较长，穿着时长及脚踝。衣身宽松适体，身侧胸、腰、臀处有曲线轮廓，臀部较宽，臀以下竖直，下摆稍有弧度。半袖，袖根与袖口宽度相近，穿着时位于肘部以上。面料为黑色地散点提花绢，中间夹棉，里料为浅紫色真丝绸。面料提花纹样为散点纹，黑色底布上布满白色沙粒状细小散点，散点均匀分布。领、袖、大襟、侧摆、底摆等处无包边装饰，全开襟形式。系合处用到一字扣，由衣身面料制成，领面、领底、胸前大襟上、腋下各一粒，身侧八粒。里料与面料等大，两者在侧摆处缝合，底摆处不缝合。造型与装饰较传统，纹样如暗夜繁星，简洁而充满时尚感。

档号 T001-09-0386

黑色真丝双绉旗袍

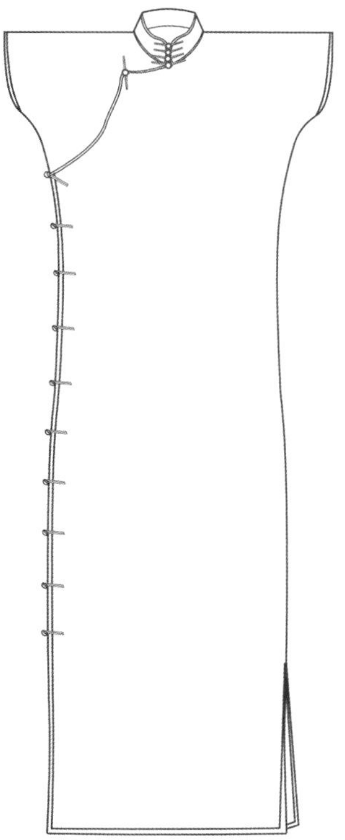

本件旗袍为20世纪40年代夏穿薄款旗袍，长度较长，穿着时长及小腿下部。衣身较为紧身，身侧腰、臀处几乎无曲线轮廓，臀部稍凸出，臀以下竖直，下摆无弧度，短袖。面料为黑色双绉，面料较薄，有透明感，悬垂感较好。领边、领圈、大襟、侧摆、底摆及袖口均有黑色包边。领面有三粒一字扣，领底、胸前大襟上、腋下均有一粒一字扣，身侧共有九粒一字扣，最后一粒扣与左边开衩同高。

黑色地彩色枫叶纹提花缎夹毛旗袍

档号 T001-09-0442

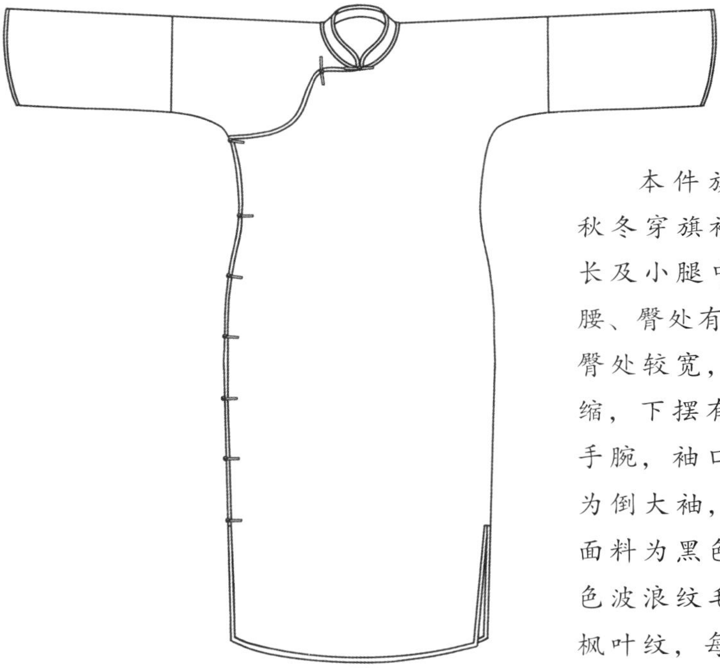

本件旗袍为20世纪40年代秋冬穿旗袍，长度中等，穿着时长及小腿中部。衣身合体，身侧腰、臀处有曲线轮廓，腰部内凹，臀处较宽，臀以下至下摆略有收缩，下摆有一定弧度。袖子长及手腕，袖口部比袖根部宽，袖型为倒大袖，穿着时呈喇叭袖形。面料为黑色地提花缎，里料为棕色波浪纹毛呢。面料提花纹样为枫叶纹，每片枫叶由两种颜色填充，叶子边缘填充白色或黄色，内部分别填充红、蓝、紫、粉、绿、黄六种颜色，使枫叶整体呈现出红、蓝、紫、粉、绿、黄六色。红、蓝、紫、粉、绿五色枫叶依次与黄色枫叶组合，呈现出两两一组的效果。领边、领圈、大襟、侧摆、底摆、袖口等处包边及扣子均为与衣身面料颜色相同的黑色。领底、胸前大襟上、腋下各一粒一字扣，身侧六粒一字扣。衣身面料的光泽感及繁复多彩的图案花纹使旗袍整体有华丽的效果，适用于礼仪场合。

档号 T001-09-0404

黑色地碎花纹印花绢夹旗袍

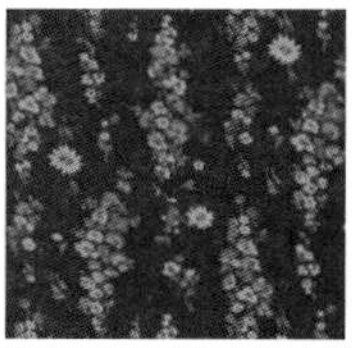

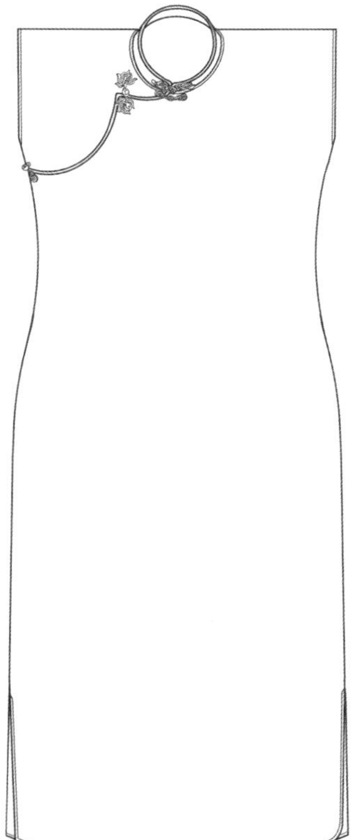

本件旗袍为20世纪40年代夏穿薄款旗袍，长度中等，穿着时长及小腿中部。衣身宽松，身侧腰、臀处几乎无曲线轮廓，臀部稍凸出，臀以下竖直，下摆有弧度。连肩短袖，穿着时露出大部分手臂。面料为黑底碎花印花绢，垂感与凉感俱佳，里料为黑色真丝绸。面料纹样为碎花，大小不同的花枝竖向排列，枝上缀满各色细密小花叶，空隙处为稍大的白色花朵。远观时团花类似鱼鳞形，白色花朵点缀其间。领边、领圈、大襟、侧摆、底摆及袖口都饰有与面料颜色相同的黑色细包边。系合处用到两种花式盘扣和按扣，一种盘扣为绽放式花朵，另一种为一个小圆和一个大圆组成的葫芦形，领面一粒花朵盘扣，领底一粒葫芦形盘扣，胸前大襟上一粒花朵盘扣，腋下一粒葫芦形盘扣，大襟上有两粒按扣，身侧有五粒按扣。里料与面料大小相同，两者在侧摆处缝合，底摆处不缝合。

档号 T001-09-0464

咖啡色真丝绉旗袍

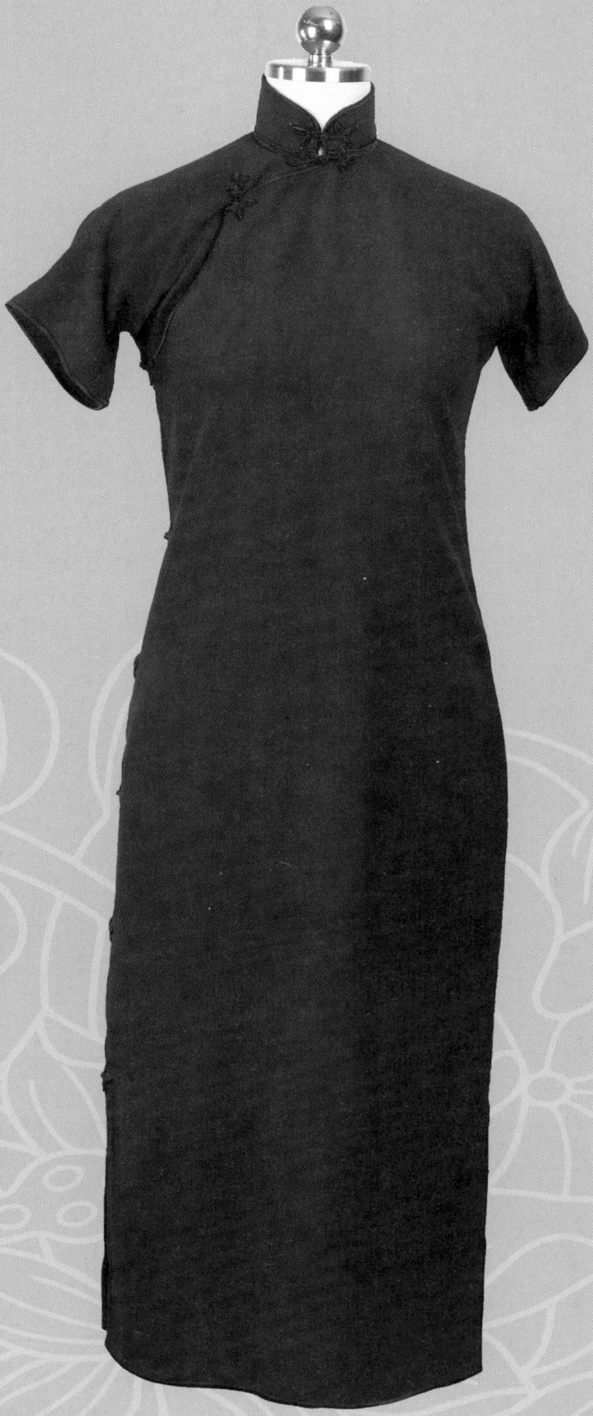

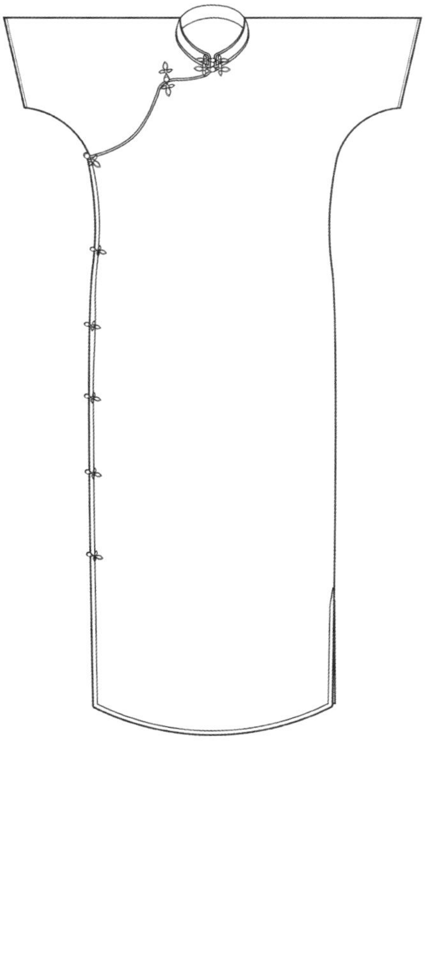

本件旗袍为20世纪40年代晚期夏穿旗袍，长度较长，穿着时长及脚踝。衣身较为宽松，身侧腰、臀处稍有曲线轮廓，臀部稍凸出，臀以下竖直，下摆有弧度。袖子为短袖，袖型宽松，袖口部稍窄于袖根部。面料为咖啡色真丝绉，近观有肌理感。领面、领底、胸前大襟上、腋下各有一粒花扣，身侧共有五粒花扣，最后一粒扣子与左边开衩同高。领边、领圈、大襟、侧摆、底摆及袖口都饰有比面料颜色稍深的包边。

黑色地佩兹利纹织锦夹旗袍

档号 T001-009-0376

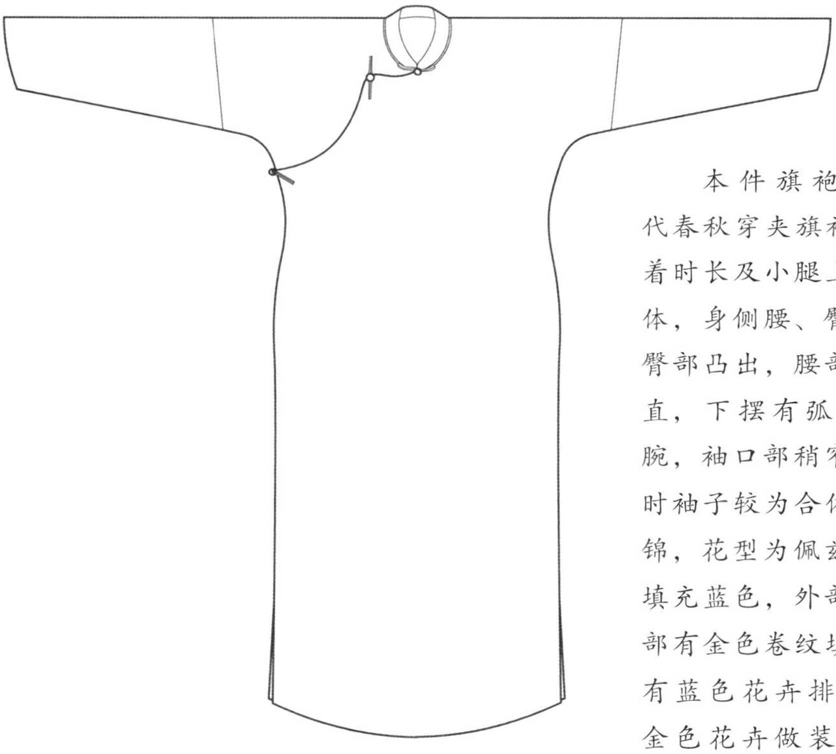

本件旗袍为20世纪50年代春秋穿夹旗袍，长度中等，穿着时长及小腿上部。衣身较为合体，身侧腰、臀处有曲线轮廓，臀部凸出，腰部收紧，臀以下竖直，下摆有弧度。袖子长及手腕，袖口部稍窄于袖根部，穿着时袖子较为合体。面料为提花织锦，花型为佩兹利纹，花纹外圈填充蓝色，外部有金色勾线，内部有金色卷纹填充，外部描边处有蓝色花卉排列，花纹末端有金色花卉做装饰。近观面料背景可见网格状金色线条肌理，四周散落小型花卉，花朵均为蓝色，边缘处有金色描边。后背花型因连裁原因与前身花型相反。领圈饰有与衣身面料相同的细包边，领边、大襟、侧摆、底摆、袖口等处无包边装饰。领底、胸前大襟上、腋下各有一粒一字扣，领口、大襟各有一粒按扣，身侧设置三粒按扣。里料为咖啡色真丝绸，稍小于面料。

黑色地百合花纹织锦夹棉旗袍

档号 T001-09-0440

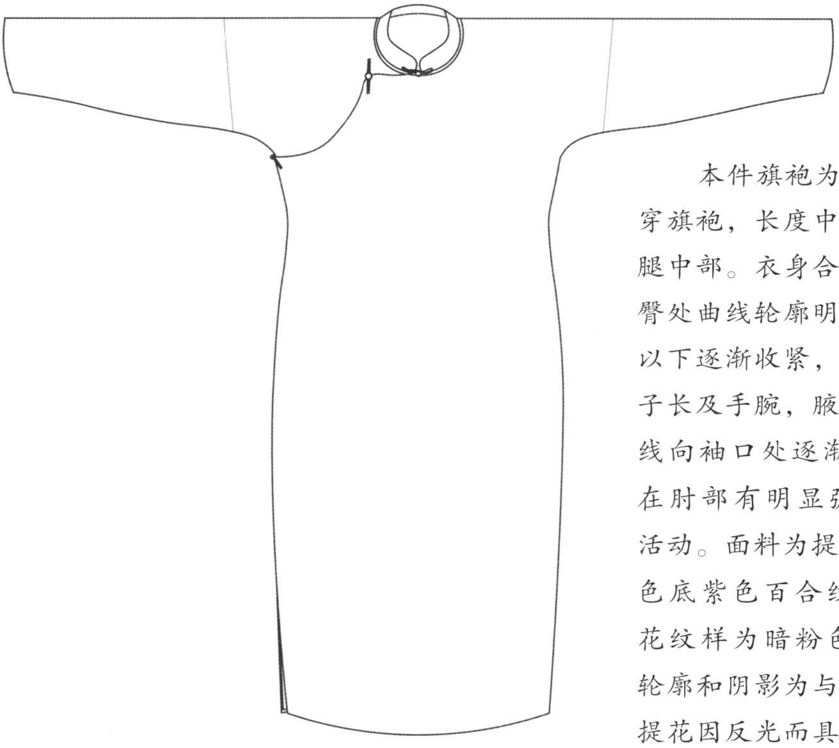

本件旗袍为20世纪50年代冬穿旗袍，长度中等，穿着时长及小腿中部。衣身合体，身侧胸、腰、臀处曲线轮廓明显，臀部较宽，臀以下逐渐收紧，下摆稍有弧度。袖子长及手腕，腋下袖根处沿一条弧线向袖口处逐渐收紧，袖下曲线在肘部有明显弧度，方便肘关节活动。面料为提花织锦，里料为黑色底紫色百合纹提花缎。面料提花纹样为暗粉色百合花束，花束轮廓和阴影为与底色相同的黑色，提花因反光而具有光泽。领圈饰有与衣身面料相同的细包边，领边、大襟、侧摆、底摆、袖口等处无包边装饰。系合处用到一字扣、按扣和拉链，一字扣由与衣身相同的面料制成，领底、胸前大襟上、腋下各一粒，领部设置一粒按扣，大襟上设置两粒按扣，将大襟更好地固定在小襟上，身侧设置金属拉链取代传统一字扣。面料与里料在下摆处缝合，两者之间夹棉。

黑色地花卉纹提花缎夹旗袍

档号 T001-09-0379

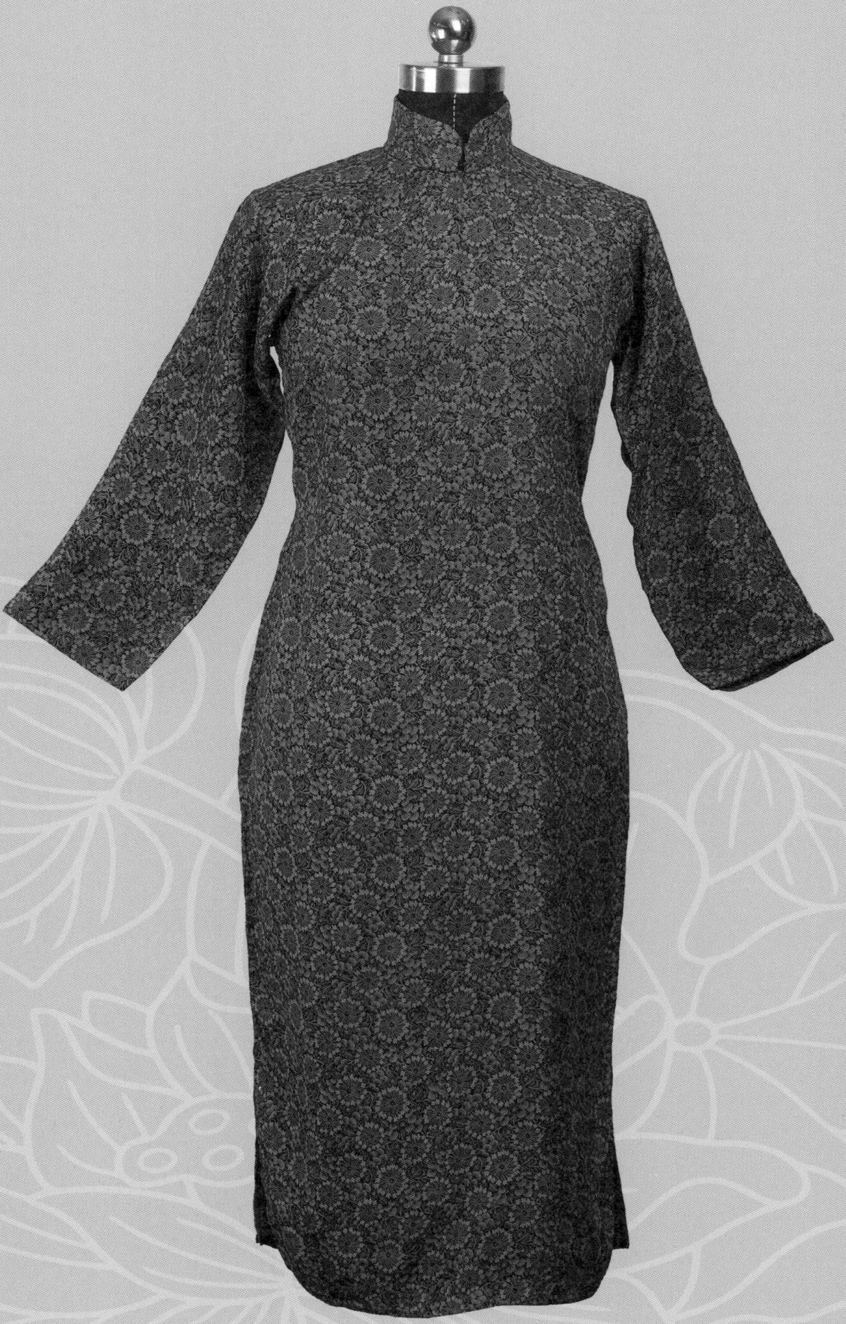

本件旗袍为20世纪50年代秋冬穿厚款旗袍,长度中等,穿着时长及小腿中部。衣身较为合体,身侧腰、臀处有曲线轮廓,臀部稍凸出,臀以下竖直,下摆有弧度。袖子长及手腕,袖型较为合体,袖口部稍窄于袖根部。面料为提花织锦缎,花型为黑底组合花卉,其中以放射状排列组合的花卉以四方连续的形式分布,四周有圆形果实做填充,果实纹样颜色为灰蓝色。近观可见较为明显的肌理,前身面料稍泛黄。领、袖、大襟、侧摆、底摆等处均无包边装饰。腋下有一粒一字扣,领口、大襟、身侧各有三粒按扣。里料为宝蓝色真丝平纹织物,有褪色,底摆处稍小于面料。

黑色地暗几何纹印花绸夹毛旗袍

档号 T001-09-0456

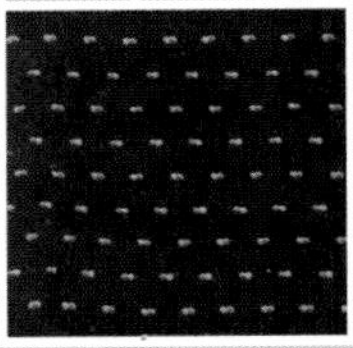

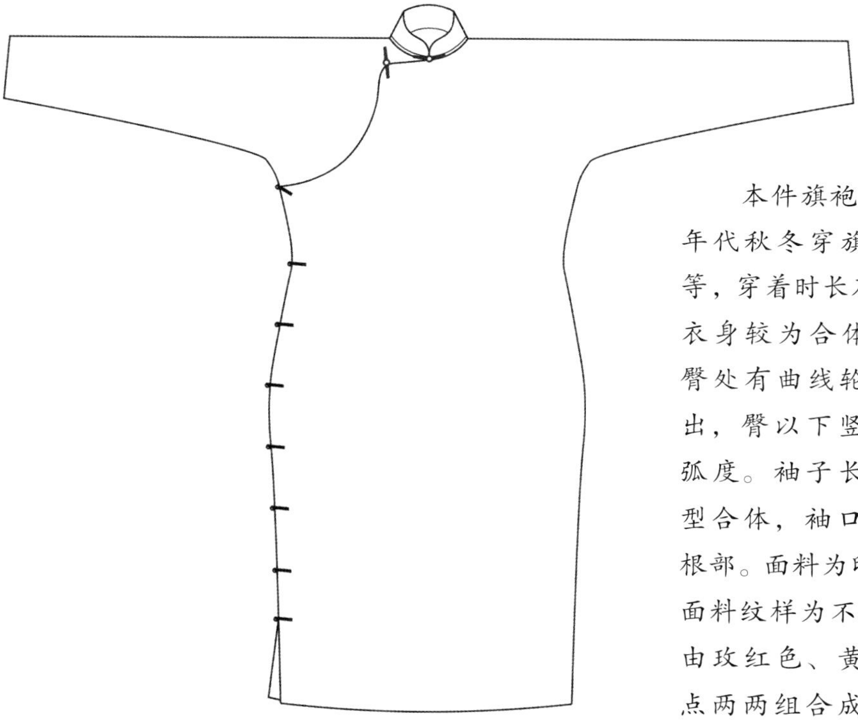

本件旗袍为20世纪50年代秋冬穿旗袍，长度中等，穿着时长及小腿中部。衣身较为合体，身侧腰、臀处有曲线轮廓，臀部凸出，臀以下竖直，下摆有弧度。袖子长及手腕，袖型合体，袖口部稍窄于袖根部。面料为印花真丝绸，面料纹样为不规则几何形，由玫红色、黄色、白色圆点两两组合成类似花生的形状，图案上有白色光影，图案在面料上横向排列，近观可见面料呈现格子状肌理。系合处用到一字扣和按扣，领底、大襟、腋下分别有一粒一字扣，身侧共有七粒一字扣，领口设置一粒按扣，大襟设置两粒按扣。领圈处有包边，内部为羊毛里衬，里衬比面料稍小，衣身外侧不露羊毛。

附录一　旗袍的造型艺术

旗袍是袍服大家族中的一员，有人认为它来源于春秋战国时期的深衣。后来随着社会的慢慢发展，旗袍吸纳了西方元素，成为我们现在所认识的旗袍——根据年代基本上可以分为20世纪10年代的旗袍、20年代的旗袍、30年代的旗袍、40年代的旗袍以及现代时装旗袍。

从整体上来说，20世纪20年代，旗袍开始流行，但是那时旗袍的款式与清朝末期的袍服款式相差不大，它的特点是腰身宽松、袖口宽大、长度较长。后来又经历了马甲旗袍、倒大袖旗袍等不同的流行款式时期，旗袍的款式越来越合体，衣身长度逐渐变短。1929年4月，国民政府制定颁发了《服制条例》，长身的旗袍成为“国服”。20世纪30年代是旗袍的鼎盛时期，在这个时期，不管地域特征，也不分年龄大小，全国上下，到处可见穿旗袍的女性。从旗袍的量体裁衣技术上来说，这个时期的旗袍除了肩袖部分大多仍采用连身平直的结构外，衣身身片处理大量采用西式的造型方法，旗袍的衣片出现了前后身片的省道，长袖旗袍的腋下出现了分割（开刀）等处理余缺的结构，使旗袍穿起来更加合体，同时，也正迎合了20世纪30年代女性的那种开放的穿衣观念。到了1939年左右，由于使用了胸省和肩省，以及出现了装袖和肩缝，旗袍变得更加合体，让人穿起来更加性感，突出身材曲线美，这也是近代中国女性服饰形象的一次重要变化。穿上修长收腰的旗袍，配上烫发、高跟皮鞋，还有手表和皮包，就是那个年代最时尚的穿着打扮。到了20世纪40年代，由于时局动荡、物资匮乏，旗袍也变得越来越简洁和实用，旗袍的长度大多在小腿中部和膝盖之间，袖子也逐渐从短袖变成了无袖。抗日战争胜利以后，拉链、垫肩、按扣等配件开始大量在旗袍上使用，旗袍变得越来越简洁和现代化，也更加时尚。“全民都穿旗袍”的年代一直延续到20世纪50年代初期才结束。[1]

---

［1］君临天下100. 盖娅传说·中国旗袍的“身世之谜”[EB/OL].（2018-11-15）［2021-04-10］. http://www.360doc.cn/mip/795126338.html.

20 世纪 10 年代旗袍的造型特征

1911 年辛亥革命后，中华民国成立，属于封建社会的王冠服装的等级制度被送进了历史博物馆，这些也为新款旗袍的问世设定了标准。

民国初期，人们经历革命的洗礼时间不长，穿衣观念、生活方式都处在新旧更迭的大转折时期，旗袍也在乱世中悄然过渡。旗女长袍外罩马甲的传统穿搭方式已经变得很落伍了，只有在偏僻的乡村，由于远离政治中心、交通不便、信息梗塞，所以服饰因循守旧，那里的人们还照旧式打扮，服饰样貌很大一部分来源于清式的穿着装束。总体上，旗袍在此时已经变得特别不显眼了，没有了往日的显赫地位。这个时期的旗袍在廓形上变化不大（图 1），仍然呈现清末时宽敞的服饰特点，领子由早期的无领或低领变为“元宝高领”，最高时可与鼻尖齐平；袖子稍有收紧并略有缩短，到肘与手腕之间；旗袍衣身的长度缩短到膝与脚踝之间。旗袍的线条造型还是比较平直，色调素雅，领、袖、襟等部位也用镶绲，但比以前简练得多，通常只有几道，绣纹也变得很简单。这个时期的旗袍已经开始注重体现女性的曲线美，追求自然的装饰效果，这与当时崇尚自然新生活的社会风气是密切相关的。时代的潮流酿造了社会服饰的整体风貌。

图 1 清末民初旗女装束[1]

[1] 许地山. 近三百年来中国底女装（续五）[N]. 大公报，1935-06-22（11）.

当时虽然服饰的流行样式千变万化，不断推陈出新，但并没有出现现代意义上的时装设计师。服装样式往往要历经千家万手的翻新改造才能成为时代风尚。值得一提的是，上海在那个时期已经成为全国时装流行中心，一衣一扣、一鞋一袜都会得到全民的效仿。上海服装行业长期以来的发展造就了一批批精明的经营者和能工巧匠，他们能够非常敏锐地捕捉时尚潮流的微妙变化，善于将西方式样与中国传统款式巧妙地结合起来，使得上海成为名副其实的全国乃至东南亚的时装中心。作为开放商埠，上海是富商巨贾和军政名流的荟萃之所，又是交际名媛和娱乐界明星的云集之地，因此上海最有可能成为新式旗袍的发祥地，开创并领导一个若干年后旗袍的“黄金时代”。[1]

[1] 锺梓原. 旗袍起源演变史四：民国之初——悄然过渡的旗袍［EB/OL］(2015-10-20)［2021-04-10］. https://mp.weixin.qq.com/s/l_XCSfJCe2Zkfy86Id7FFw.

20世纪20年代旗袍的造型特征

辛亥革命后，穿旗袍的人大大减少。1924年，末代皇帝溥仪被逐出紫禁城，清朝冠服就此消失，成为绝唱。1920年前后，新文化运动的春潮唤醒了人们对美的渴望，年轻一代显露出了空前的天真、轻松和愉悦。这一时期，以上海为中心的女性妆饰成为新一轮的展示台，已经悄悄拉开了帷幕。[1] 1923年12月21日，宋庆龄陪同孙中山前往广州岭南大学演讲，孙中山勉励学生："要做大事，不要做大官，把中华民国重新建设起来。"宋庆龄穿着黑绸缎面料的倒大袖旗袍，脖子上围着一条格子围巾，襟口、袖口处都绣着一朵花[2]。1925—1926年的旗袍是胆子比较大的时髦女性所穿的，服装廓形比较宽敞，呈倒梯形，基本不显示腰节，下摆在脚踝以上，有些衣长略高于脚踝，刚好露出鞋子。袖子多为喇叭状的"倒大袖"，袖长略过肘部，当时"都流行大袖子的衣服，风靡一时"[3]，大多数搭配穿平跟皮鞋（图2）。查阅1926年《新申报》发现，该报广告中很多次出现穿着无袖马甲旗袍的美女。到了1927年，广告画中的美女就都穿有袖子的旗袍了（图3），而且款式也有了一些变化，这种变化主要集中在以下两点。首先是倒喇叭型袖子的出现。把曾经被去掉的袖子重新装上，这样旗袍里面就不用再穿短袄了，衣服的穿着层次尽量减少，穿脱方便快捷，这也正符合20年代女性服饰审美的简洁观念。其次是腰身的出现。1929年，旗袍的下摆线又有所上升，款式开始由直筒式腰身逐渐收拢。虽然左右两侧只有不到一寸的收腰量，但是从视觉效果上看，还是比较明显的，着装者的身体，尤其是腰部的起伏有一定的显现。"旗袍

[1] 苏州爱丁堡. 中国旗袍演变史五：20年代——倒大袖与新样 [EB/OL] (2013-12-21) [2021-05-02]. https://www.houxue.com/news-104040/.

[2] 刘东平. 宋庆龄图传 [M]. 北京：中国青年出版社，2006.

[3] 卞向阳. 百年时尚——海派时装变迁 [M]. 上海：东华大学出版社，2014.

上升，几近膝盖，袖口也随之缩小，当时西洋女子正在盛行短裙，中国女子的服装，这时也受了他的影响。”[1]和缩短了的袍长相呼应，袖子不仅口部缩小，有些长度也向上提升，使得袖长及肘。同时，鞋跟也有了高度。[2]

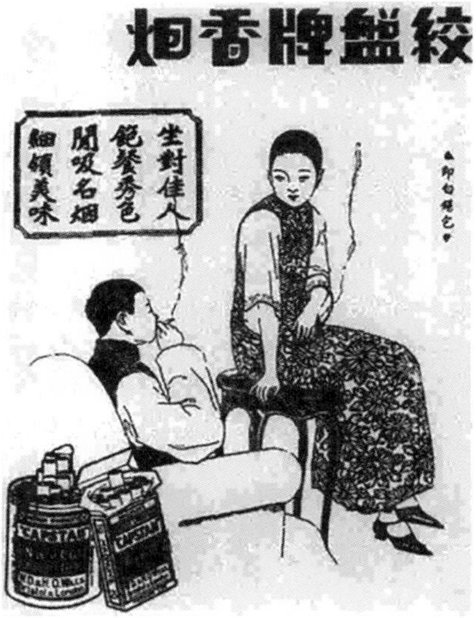

图 2　香烟广告中身穿长马甲旗袍、脚穿尖头系带平跟皮鞋的女性[3]

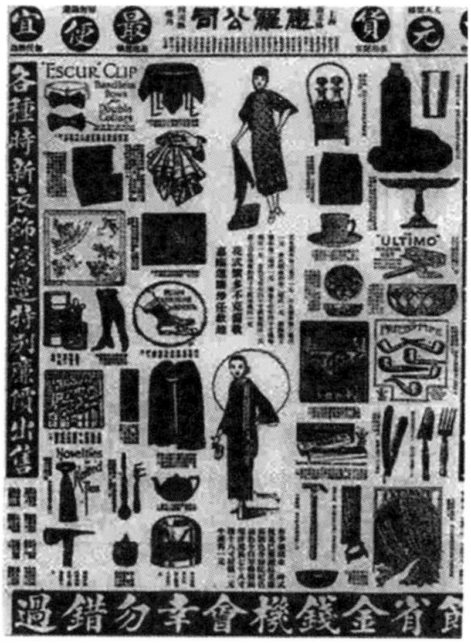

图 3　广告中穿着倒大袖旗袍、梳着传统发髻、脚穿时髦尖头皮鞋的女性[4]

[1] 熊月之. 稀见上海史志资料丛书（第 7 辑）[M]. 上海：上海书店出版社，2012.
[2] 刘瑜. 中国旗袍文化史 [M]. 上海：上海人民美术出版社，2011.
[3]《新申报》，1926 年 11 月 14 日.
[4]《申报》，1927 年 3 月 31 日.

20世纪三四十年代旗袍的造型特征

1930年所穿的旗袍款式非常简单，廓形变得更加合身，下摆线的位置正好掩盖住膝盖并且多开了短衩，这是民国时期最短的旗袍，也是20世纪中国超短裙流行之前最短的袍服。这时的旗袍袖口有所收小，从肩部和袖部的形状来推测，有些可能已经借用了西式的肩缝方法。短旗袍得到当时的学生和一些时髦前线的青年女子的青睐，但是在毕业留影等正式场合人们依然会选择中等长度的旗袍，而中老年女子无论在什么场合，依旧是穿中等长度的旗袍。短旗袍“因为适合女学生的要求，便又提高了一寸。可是袖子却完全仿照西式，这样可以跑跳自如，象征了当时正被解放后的新女性”。[1]

到了1931年，旗袍的高度“又向下垂，袖高也恢复了适中的阶段，皮鞋发式都有进步”。[1] 长袍之姿态，足以呈现出古典的风味。近来欧洲服装的长裙时代，却与我国的长袍流行同一趋向。可见妇女们也已渐渐地厌了过分的解放，风行一时的短旗袍和短裙，也成了时代的落伍者了。[2]

1932年，旗袍的摆线继续下行，长至脚踝处，领子采用相对较高的“小元宝”领，袖子短到肘部以上而且趋向合体，并开始流行在衣领、大襟、袖边、开衩处及下摆处采用各种花边装饰，材料既有西式蕾丝也有中式贴边。1932年，英国文豪萧伯纳访问中国，2月17日宋庆龄在上海莫里哀路的住宅宴请萧伯纳，蔡元培、鲁迅、林语堂、伊罗生、史沫特莱出席，宋庆龄在旗袍的外面罩了一件毛线编织的马甲。

1933年，徐来（图4）在明星影业公司主演了影片《残春》，一炮走红，

［1］佚名. 旗袍的旋律［J］. 良友，1940（150）：57-58.

［2］佚名. 秋之流行服［J］. 时代画报，1930（11）：24.

图 4 身着旗袍的徐来[1]

备受电影界、时尚界的推崇。徐来在衣着方面很讲究，她是标准的旗袍模特身材，衣柜中有多款旗袍，长下摆、短下摆，高开衩、低开衩，长袖、中袖、短袖，直襟、斜襟、双襟、曲襟，款款有形，件件精致，穿在她身上风情万种。1933 年，旗袍的下摆降低到遮住脚踝，青年女性会穿收腰的旗袍。这时的旗袍流行长的喇叭袖，袖口宽大而且底部开衩，为求方便，有时会将袖口裹起，用按扣固结。领子加高，裙衩也高到膝盖以上。夸张的袖子只出现在少数摩登领袖的旗袍当中，大多数旗袍的衣袖是自然合体的。阮玲玉（图 5）这时在影坛大红大紫，长旗袍配高领，衣领紧裹脖颈，直抵下巴，即使在炎热的夏天也不改高耸的姿态。盛夏酷暑，薄如蝉翼的旗袍也必须配上高耸的硬领，高到直抵两腮，继而至耳。高立领长旗袍和高跟鞋，将女性衬托得亭亭玉立，再将头发吹烫一下，美不胜收。后来低领开始盛行，当低到实在无法再低的时候，干脆不要领子了，也是一种时尚。

图 5 身着旗袍的阮玲玉[2]

[1] 张静蔚.《良友》画报图说乐・人・事［M］. 上海：上海音乐学院出版社，2017.
[2]《时报》，1934 年 12 月 8 日，第 8 版.

1935年，旗袍长度达到了极致，下摆几乎接近地面，被称为拖地旗袍，而且旗袍衩缩短，五六寸的是最时髦的。到了1936年，旗袍下摆线开始上升到露出脚背，高领依然很流行，袖长有所缩短，但是袍衩长度增加，腰部收紧，袍身合体。“因为对于行路太不方便，大势所趋，又与袖长一起缩短，但是开的叉却又提高了一寸多。”[1]1937年，旗袍的下摆线继续上升，类似传统马甲的八字襟的套穿式旗袍成为新的时尚，袖子极短而且更像肩部的一个装饰，腰部内收凸显身形，旗袍的开衩大多到小腿中部。“物极必反，旗袍长度到了（民国）二十六年又向上回缩，袖长回缩的速度，更是惊人，普遍在肩下二三寸，并且又盛行套穿，不再在右襟开缝了。”[1]

1938年至1941年，抗日战争弥漫整个中国，上海的租界成了“孤岛”，旗袍的流行变化越来越缓慢，但是它依然保留了上海旗袍鼎盛期的余韵，并且明显表现出了战争带来的影响。1938年，旗袍继续变短，脚踝开始露出，无袖旗袍流行开来（图6），节约和简单成为新的主题。“1937年，旗袍长度和袖长回缩，到1938年，袖子被取消，这可以说是回到了1925年旗袍马甲的旧境，所不同的是，光光的玉臂，正象征了现代女子的健康美。”[2]1938年，中国战时儿童保育会（简称“保育会”）成立，有关方面约请宋美龄主持保育会工作。宋美龄身着旗袍发表了讲话，给予儿童保育会很大的支持。

图6　身着无袖、短袖旗袍的女性[3]

[1] 佚名.旗袍的旋律[J].良友，1940（150）：57-58.
[2] 吴果中.《良友》画报与上海都市文化[M].长沙：湖南师范大学出版社，2007.
[3]《良友》，1938年6月，第138期.

1943年2月，宋美龄在美国国会发表慷慨激昂的演讲，寻求美国对中国抗日的支持。她穿着大方得体的旗袍，说着纯正流利的英语，凭借优雅高贵的气质深深打动了议员们。这次演讲也成为美国历史上著名的国会演讲之一。之后，宋美龄在美国掀起一场旋风，被邀请到各大城市演讲，引起巨大的轰动。很多场合，她都身着旗袍，让人们感受到了中华旗袍的魅力（图7）。她的美国之行，唤起了美国朝野对中国的同情与更进一步的支持，加速了美国政府的对华援助，是中美外交史上的重要事件。

由于战争的影响，方便、简单、美观逐渐成为旗袍的新标准。抗战期间，在重庆，宋美龄还参与了缝制服装、支持抗战的活动。她穿着深色、朴素面料的旗袍，坐在缝纫机旁，脚踩踏板，为前线将士缝制服装（图8）。第一夫人身着朴实的旗袍，以身作则，号召简朴之风。

图7 在美国发表慷慨激昂演讲的宋美龄[1]

图8 身着深色、朴素面料旗袍为将士缝制服装的宋美龄[2]

[1] 天天亮嗓. 宋美龄在美国演讲时，一共穿过几身旗袍？[EB/OL].(2020-10-21)[2021-05-12]. https://baijiahao.baidu.com/s?id=1681162727161179310&wfr=spider&for=pc.

[2] 秦风，宛萱. 宋美龄图传[M]. 杭州：浙江大学出版社，2012.

与1939年相比，20世纪40年代的旗袍最大的变化是从无袖又回到了有袖。单色、条格等装饰简单的面料开始受到欢迎。1941年日本全面占领上海以后，旗袍以简洁、实用为主要特色，流行变化趋向停顿。抗日战争胜利以后，上海的旗袍受到了好莱坞电影明星服饰的影响，腰身收得极其紧身的服装出现了短暂的流行。到了1945年左右，旗袍的领子达到了最低的时期，似乎又回到了二十几年前"豆角领"的那个时代，沈贞玲在对旗袍领子的记述里描写：到（民国）三十三四年间，旗袍的领子低得仅剩五六分，看起来好像没有领头一样。[1]长度上，直到40年代后期旗袍一直保持着短至膝盖位置的款式，但是领子在经历了40年代中期的低到好像没有领头一样的极端发展后，从1947年开始，领子的高度又开始渐渐升高，沈贞玲于1948年描述领高的变化："而自去年起，却又逐渐的在回高了。"[1] 1948年后，领高又恢复到了适当的高度，大约两寸，领口用一粒盘扣系结，或者用按扣。

[1] 沈贞玲. 谈旗袍的领口[J]. 家，1948（34）：153.

现代旗袍款式演变

中华人民共和国成立后的很长一段时间，人们很少看到旗袍的身影，因为表现女性体态美的旗袍与提倡劳动人民艰苦朴素的思想观念格格不入。中国内地从1950年起，已经很少有人再将旗袍作为日常服装来穿着了，只有少数女性在外交场合还会身着旗袍，如1966年3月至4月，刘少奇和夫人王光美出访巴基斯坦、阿富汗和缅甸，很多场合王光美都身着旗袍（图9）。“文化大革命”爆发后，旗袍成了资产阶级情调的代表，被列入“四旧”的行列，那时候根本没有人敢穿旗袍，旗袍几乎完全从人们的生活中消失了。不过，那段时间旗袍虽然在中国内地销声匿迹，但是在其他华人地区依然存在着。

图9 身着旗袍的王光美（右四）[1]

［1］张则鸣. 绝佳气质：王光美身穿白色旗袍出访珍贵照［EB/OL］.（2015-12-08）［2015-05-12］. https://www.sohu.com/a/47038666_255662.

旗袍的持续存在主要归功于香港。旗袍在香港存在的一个主要形式是校服。民国时期，国内很多学校都用旗袍作为校服，香港也不例外。20世纪60年代，旗袍虽整体走向衰微，但是仍有学校将其作为校服，这使得香港民众对这类传统服装保留了鲜明的印象（图10）。

图10　20世纪70年代中国香港培道女子中学的校服[1]

到了20世纪末，旗袍开始回到内地人们的视野中，但是这个时候的旗袍已经是经过改良后的了，使用拉链，开衩极高，立体剪裁，裙长尺寸拿捏有度，装袖或无袖。

现代旗袍在充分体现旗袍形式美的前提下不断改良创新，受国际时装潮流的影响非常大，一时间无领、低胸、高开衩、紧腰身、超短、裸背等各种形式变化无穷，纽扣、拉链、花边、印花等工艺大量运用，大胆突破了旗袍的传统模式。现代旗袍既保留了传统的特点，又融入了创新的思想。在裙装流行的时候，现代的设计师们将旗袍元素融入裙装的设计当中，于是出现了“旗袍裙”。设计师们在连衣裙的款式设计上运用旗袍领、开襟的方法等，使得旗袍又重新回到了人们的生活当中。[2]

[1] 四川网络广播电视台. 中国史上最好看的校服 培道中学白色旗袍延用至今(组图)[EB/OL].(2012-05-16)[2021-05-12]. http://roll.sohu.com/20120516/n343329904.shtml.

[2] 范康宁. 浅析旗袍的发展与演变[J]. 美术大观，2010(10)：76-77.

进入21世纪后，旗袍受到了崇尚时代新潮的年轻女子的追捧，人们常常将刺绣精美的旗袍作为婚礼及庆典上的礼服来使用。一些明星在出席国内外重要场合时也喜爱穿着旗袍，旗袍又回到了时尚的前沿，在2008年北京奥运会礼仪小姐服装（图11）、2014年APEC会议国家女领导人服装中都有所体现，特别是2008年的北京奥运会，重新掀起了旗袍热。在全世界的目光都聚焦中国的时候，旗袍又一次向世人展示了它的魅力。北京奥运会礼仪小姐所穿的“青花瓷”“宝蓝”“国槐绿”“玉脂白”“粉红”5个系列的旗袍，被设计师重新注入了时代的血液，赋予了青春的活力，旗袍的形象在国际上成为新的东方美的标志，受到了世界各国人民的赞誉。[1]

图11　2008年北京奥运会身穿旗袍礼服的礼仪小姐[2]

[1] 范康宁.浅析旗袍的发展与演变[J].美术大观，2010（10）：76-77.

[2] 华夏经纬网.奥运赛场中国风情 北京奥运会颁奖元素发布[EB/OL].（2008-07-18）[2021-05-12].http://www.huaxia.com/ay/zhbb/2008/07/1047516.html.

附录二　旗袍的设计艺术与女性审美变革

民国时期，我国受到西方文化思想的冲击，民间社会非常重视所谓的“美人制造”，女性服饰造型变化丰富，设计形式多样，同时存在着传统、西式与中西结合三种主要的形式风格，其中旗袍最具代表性，将“美人制造”观念推向了一个时代的峰巅。旗袍的设计风格表现了当时女性的审美理念和思想追求，也反映了这一特定时期里鲜明的时代特色。

旗袍造型结构艺术与女性审美

旗袍的造型结构和剪裁方式是其在当时风靡的原因之一。以宋美龄、宋庆龄、宋霭龄三姐妹为代表的上海女性知识分子是旗袍最早的推广者。旗袍的精巧贴身与否多靠裁缝师傅的经验和技术。说到这里不得不提专为宋美龄制作旗袍的张瑞香师傅。宋美龄衣柜内挂满了各式各样的旗袍，这与张瑞香的勤快高效密不可分。一些大小官太太们投其所好，礼品中多半有各式绫罗绸缎，光是这些衣料就足够张瑞香一年忙到头。张瑞香除了除夕过年休息外，每天都在不停赶工，大约两三天便可做好一件旗袍呈到宋美龄面前。宋美龄的衣柜俨然是一个旗袍储藏室。

《旗袍三个发展时期的结构断代考据》中将旗袍自产生到定型划分为三个阶段：古典时期的“十字型平面直线结构”、过渡时期的“十字型平面曲线结构”、定型时期的“分身、分袖、施省的立体结构”[1]。前期采用中国传统的平面剪裁方式，用归拔工艺打破平面平直的结构；后期西方立体裁剪应用于旗袍，为符合人体造型需要采用省道结构，令旗袍更加紧密地包裹身体，展现出女性自然的身体曲线。

[1] 朱博伟，刘瑞璞. 旗袍三个发展时期的结构断代考据［J］. 纺织学报，2017，38（5）：115-121.

中国妇女服饰在20世纪初大多仍保持上衣下裙形制，可能因当时反满情绪和改朝换代的缘由，旗袍穿着相对较少。五四运动后，妇女解放风潮兴起，女性接受教育程度与之前相比大幅提高，从家庭走向学校或社会岗位。女性着装向男性服饰靠拢，穿着与男性袍服类似的长袍遮盖住女性特征，外轮廓线与男子极似，呈A字廓形（图12）。当时有人评论，大街上皆是清一色长袍，从服饰上难以区分性别。此时旗袍造型正处于从传统走向变革的萌芽期，以传统的平面、直身形式为主，只在袖肥和缘饰上向简约过渡。平胸、低腰、低胯的旗袍毫无修饰身材的作用。由此可推断出，旗袍初期的设计风格以简约偏中性风为主。

图12　传世照片（左边两位女子穿着的是宽腰直筒型旗袍）[1]

20世纪20年代初社会相对安定繁荣，旗袍开始普及。这一时期的妇女上衣腰身都比较窄小，领子缩得很低，衣服下摆制成弧形。在领、袖、襟、摆等部位缘饰以不同的花边。袖口逐渐缩小，绲边不似之前宽阔。从线性艺术的角度来看，装饰线条有着由厚重沉闷转为灵动简约的美感变化。

---

［1］白云.中国老旗袍——老照片老广告见证旗袍的演变［M］.北京：光明日报出版社，2006.

至20世纪20年代末，旗袍开始向西式服饰过渡，出现较为明显的改变，变成一种具有独特风格的妇女服装样式。部分旗袍的衣长缩短，衣身开始贴身适体，身侧腰、臀处开始出现曲线轮廓，臀部凸出，下摆向内收，原本外开的A字廓形演变为直线形的H廓形（图13）。

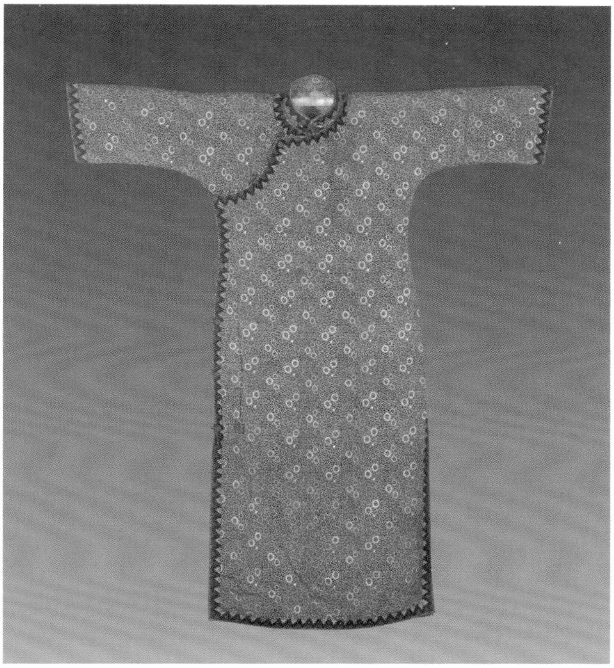

图13 灰紫色地碎花纹织锦夹毛旗袍[1]

20世纪30年代是旗袍最兴盛的时期，也是公认的旗袍款式最经典的时期：大襟右衽，盘扣结系，高领短袖，下摆长及足背，两侧开衩，领子、门襟、袖口、下摆、开衩等处多有或繁或简的绲镶装饰。这一时期的旗袍款式也是后来旗袍变化流行的依据。当时的样式变化主要集中在领、袖、长度等方面。[2]曹聚仁曾在《上海春秋》中写道："一部旗袍史，离不

[1] 苏州中国丝绸档案馆馆藏，档号：T001-09-0439.
[2] 吴欣，赵波. 臻美袍服[M]. 北京：中国纺织出版社有限公司，2020.

开长了短，短了长，长了又短，这张伸缩表也和交易所的统计图相去不远。”这一时期内，旗袍下摆一时达到盖住脚面的程度，行走时有衣边扫地之势，称“扫地旗袍”。这种款式变化能够充分显示女性体形的曲线美，通过造型比例加长腿部的视觉长度，增加女性身材高挑的美感。旗袍的长度和开衩位置之间的比例分割方式使人们将女性身体的审美重点放在女性身体曲线和腿部线条。同时，改良旗袍出现，胸腰部位的造型变得更明显，女性身体本身成为人们视线的焦点。可能是由于中国大都市的形成，商业资本和消费文化的出现改变了女性身体“被解放”的情况。社会运动和政府政令相比于女性自身所形成的“时尚”意识，逐渐减少了影响效力。当时的新女性认为身体是值得炫耀的资本，女性对身体开始拥有选择支配权和话语权。这一时期的旗袍设计风格呈现多样化的发展趋势，整体以追求S形曲线的女性美为主。

20世纪40年代，在抗日战争和解放战争的影响下，中国社会动荡，经济萧条，物资匮乏。旗袍式样趋向于取消袖子、缩短长度和降低领高，省去了烦琐的装饰，露出修长白皙的手臂和脖颈，使旗袍更加轻便适体，体现女性三围曲线变化。这一时期的旗袍运用了西方剪裁，出现了“省”，而这种所谓的“改良”，将旧有的结构加以改变，打破了旗袍无省的局面。曲线轮廓与胸部省道的使用，很好地塑造了旗袍的立体三维造型，使旗袍成为民国时期最为典型的视觉元素。中华人民共和国成立后，廓形与省道的使用使女性穿着旗袍时，完全展现出身体的自然曲线，衬托修饰出纤细的腰部和丰满挺翘的胸、臀部位。直至20世纪60年代“文化大革命”的到来，旗袍阶段性地暂时消失在人们的视野之中。

近现代旗袍的结构形态从平面到立体、从直线到曲线、从严冷方正到曲线玲珑，直接表明了近现代女性身体解放与审美观念的巨大转变。

旗袍造型搭配与女性审美

旗袍之所以美，是因为它在充分展现女性曲线美的同时，又严谨而恰到好处地遮掩了过分的“性”感。它可以反映一个人最自然的状态，呈现动态的美、静态的美。这种美并不是由紧紧的衣身束缚出来的，而是由内而外散发出的一种典雅高贵。衣服是人的第二层皮肤，旗袍就像是女性的一场修行，它是东方文化在服装上的杰作，是含蓄的民族性格的生动体现。

旗袍的造型艺术必然离不开搭配的衣帽鞋饰。20 世纪 20 年代中后期，高跟鞋、西式长袜开始流行，旧社会裙身里鼓鼓囊囊的棉裤被换成了薄如蝉翼的丝袜。旗袍与各式高跟鞋的搭配，证明当时女子不再流行缠足，开始理性地对待自己的身体。高衩旗袍的出现使只穿丝袜变得不够雅观，衬裙也成为旗袍内搭必备（图 14）。当时稍讲究一些的女性身着旗袍时一般会在里面内搭丝质的衬裙或衬裤：一是避免走光，二是防止旗袍随着身体扭动而产生过多的褶皱。衬裤下缘装饰着各式花边，将旁人的视线吸引到女子自然健康的足踝上，这也是性感的 30 年代在摩登与含蓄间寻求平衡的时尚缩影。

图 14 民国时期穿着旗袍和衬裙的女子[1]

[1] 戴春林化妆品广告，石青绘制.

民国时期时髦女性的标准形象是这样的："身上旗袍绫罗做，最最要紧配称身。玉臂呈露够眼热，肥臀摇摆足销魂。赤足算是时新样，足踏皮鞋要高跟。"[1] 然而，民国时尚就意味着前凸后翘？穿旗袍一定要有傲人的S形曲线吗？也许你不会想到，这些论调其实是一场大型"伪知识"骗局。事实也许会打破我们对民国风情的大部分想象。平胸美学占据了民国时尚的半壁江山，旗袍的流行与丰满的胸部更是没有太多关联。当时穿旗袍必备一种新式的束胸工具"小马甲"（图15），胸前一排密密麻麻的纽扣，紧紧束缚胸部，上围非常紧窄，几乎是紧紧包裹上半身，以达到时髦的标准。苏州中国丝绸档案馆馆藏旗袍充分印证了这一点。20世纪20年代至30年代早期，成年女性旗袍胸围大多仅有72 cm至78 cm，甚至更小。1927年，作为"天乳运动"的发端地，广东地区推出以下政策：但凡束胸的，看见一次罚50大洋，年龄20岁以下的则罚父母。当时即使坐在家中也会有人上门检查女子的束胸情况。缠足之风虽逐渐衰退，但束胸的风气似乎比缠足更难解除。在社会和各方女性的努力与呼吁下，女性终于得以摆脱"小马甲"的束缚而自由呼吸。姑娘们把自己从之前的塑身衣里解放出来，剪掉长发，做一切与传统淑女无关的事情。

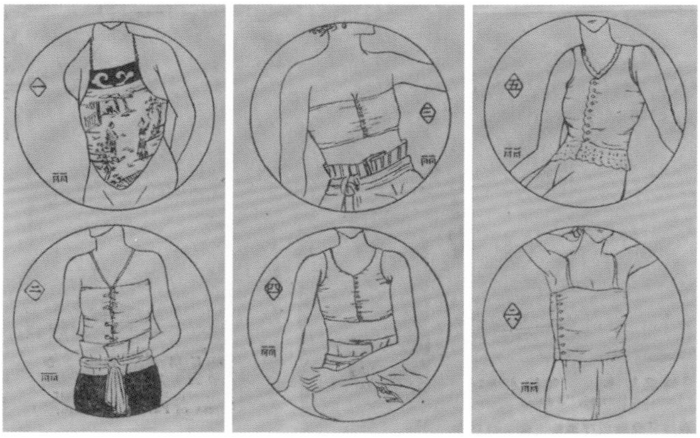

图15 中国小衫沿革图[2]

[1] 李伯元. 文明小史 [M]. 北京：中国少年儿童出版社，2000.

[2] 一、二摘自《北洋画报》，1927年，第93期，第3页；三、四摘自《北洋画报》，1927年，第98期，第3页；五、六摘自《北洋画报》，1927年，第99期，第3页.

20世纪40年代旗袍搭配方式多样化，穿着的范围更加广泛，时髦的女子在旗袍外披上裘皮大衣、披肩、线衫，以适应四季更迭。当时渐渐以丰满凸起的胸部、挺翘的臀部和纤细的腰部形成的自然S形人体曲线美为造型搭配的选择标准（图16）。这时，清新自然、时尚性感、灵动简约、健康活泼、大方美观或清丽骨感等观念成了人们审视和评论女性的新标准（图17）。

图16 身穿薄透纱衣，大胆展露美胸的中国摩登女郎[1]

图17 20世纪40年代前期以当红明星为原型的月份牌广告画，妆发服饰绚丽多彩[2]

[1] 鹅牌香烟广告，杭穉英绘于20世纪40年代.
[2] 吴亮. 老上海·已逝的时光[M]. 南京：江苏美术出版社，1998.

早在20世纪30年代，上海滩就有所谓的“名媛”选举。这种选举又被称为“上海小姐”选举，当时是一种非常时尚超前的女性选秀，不仅要考量参选女性的音容笑貌和言行举止，还要聚焦于她们的服饰、妆容、性格、气质、情调、兴趣、业余爱好等。整个民国时期，普罗大众公认最负盛名的四大名媛分别是“校园皇后”陆小曼、“才貌兼备”林徽因、“金嗓子”周璇和“电影皇后”阮玲玉。阮玲玉总是身着一袭旗袍。它们的样式往往是格子或碎花布，高开衩或镶花边，阮玲玉几乎成了20世纪30年代中国旗袍的形象大使（图18）。

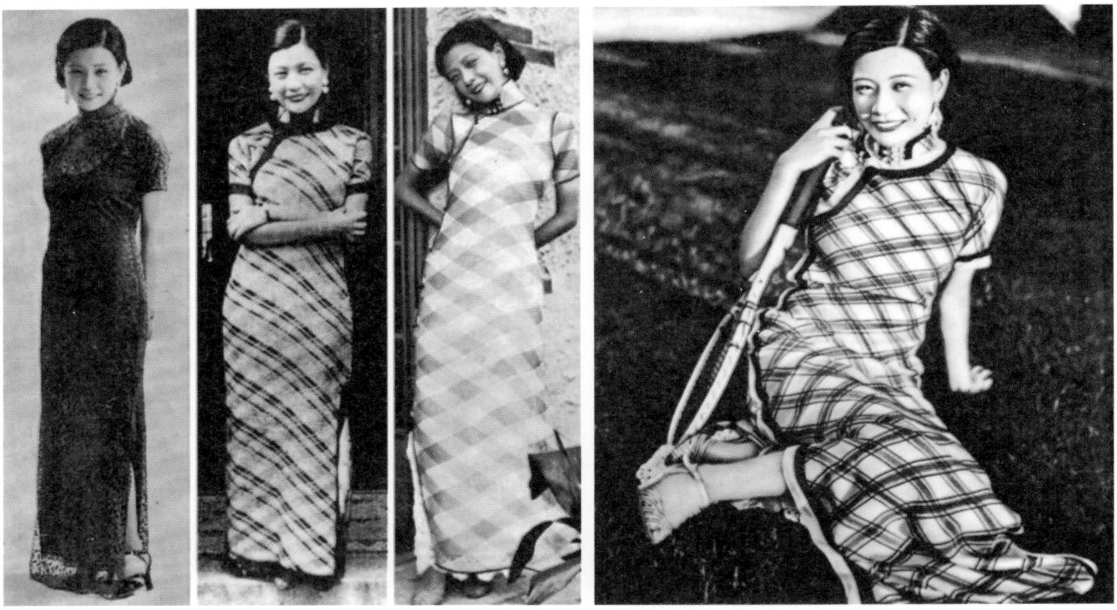

图18　1934—1935年间，阮玲玉身穿旗袍的经典形象[1]

[1] 图左一至左三摘自《良友》，1934年12月，第99期；图左四摘自《大陆画报》，1934年12月，第3期.

此外，提到旗袍人们一定会联想到对旗袍爱到极致的文学才女张爱玲。她不仅喜欢购买成品旗袍，更喜欢亲自绘制旗袍设计图交给上海的知名裁缝张兆春先生进行定制。早在香港读书时，张爱玲便把所得的奖学金用来自选衣料和设计服装。弟弟张子静问她所穿的旗袍是不是香港最新的样子，她笑道："我还嫌这样子不够特别呢！"张爱玲偏爱鲜明的对照，沉重的黑与轻盈的白，清冷与明丽，简约的现代线条与传统花纹。对于旗袍的搭配方式，张爱玲有着许多独创的穿法，比如在旗袍外边罩短袄或外穿清装大袄，一度引领潮流。20世纪50年代初，夏衍邀请张爱玲参加上海市第一届文学艺术工作者代表大会，此时旗袍在内地几近绝迹，大会上不论男女皆穿蓝灰色中山装，唯独她还穿着旗袍，外罩一件网眼白绒线衫。张爱玲一生的穿着搭配都钟情于旗袍，直至去世时也身着一件整齐的旗袍。她用自己的一生赋予了旗袍独特的生命力，让越来越多的女性发现旗袍之美，爱上旗袍之韵味。

旗袍局部造型艺术与女性审美

虽然旗袍的设计理念和风格逐渐西化，但是旗袍的表征仍然以中式为主。关于旗袍的外在表征，卞向阳在《论旗袍的流行起源》一文中如此说道，“所谓‘旗袍’，指衣裳连属的一件制服装（One-piece Dress），同时，它必须全部具有或部分突出以下典型外观表征：右衽大襟的开襟或半开襟形式，立领盘纽、摆侧开衩的细节布置，单片衣料、衣身连袖的平面剪裁等”。[1] 可见，旗袍造型款式的外在表征元素主要为立领、上袖、门襟、开衩等。

1. 立领与颈部审美

立领最初出现在明代，是汉族女装极为突出的元素。清末，立领又被使用到旗装乃至男装上，成为中式服装的典型特征之一。领子是旗袍整体结构中最重要的部分。旗袍的传统十字形结构只在领口、衣襟、侧缝三个部位进行裁剪，以领口为基础展开造型变化，通过调整领子部件来平衡旗袍的整体造型，起到固定旗袍整体造型的作用。根据苏州中国丝绸档案馆馆藏旗袍实物的测量数据，旗袍的领部围度小于现代服装。无论旗袍造型是何种式样，领子都牢牢地包裹住人体的脖颈部位，进而衬托和修饰出女性优雅的颈部。

20 世纪初的旗袍袍身宽松，领子基本为相对挺立且合体的造型。旗袍经过不断改进，领部的设计也更加巧妙，在原有的单一立领造型上变化出多种式样。中国自古形容美女就有一种说法：柳叶弯眉杏核眼，樱桃小嘴一点点，最美不过瓜子脸。可是那时候并没有瘦脸针和削骨手术，于是就有了元宝领。最早的元宝领造型线条前低后高，领边曲线掩盖并弱化

[1] 卞向阳 . 论旗袍的流行起源［ J ］. 装饰，2003（11）：68-69.

面部两侧凸出的下颌骨或婴儿肥，将女性脸形修饰为小巧精致的瓜子脸（图 19）。《更衣记》中有如此描述：“往年的元宝领的优点在它的适宜的角度，斜斜地切过两腮，不是瓜子脸也变成了瓜子脸。”同时，元宝领还能实现拉长颈部线条的视觉效果，较为含蓄地展露出女性的白皙颈部，呈现欲遮还露的性感。极致之美总是昙花一现，元宝领的流行也是匆匆而过。1915 年之后，领高便一路降低，缩至颈部正常的高度（图 20）。现在我们看到的元宝领，是在初期的元宝领基础上降低一些的。这一改变深究起来，跟辛亥革命后女子要求与男子享有同样的学习和工作机会及社会地位有关。

图 19　民国广告画中的元宝领造型[1]

图 20　领子降低至脖颈正常高度的旗袍[2]

[1] 协和贸易公司的月份牌广告，周慕桥绘于 1914 年 .
[2] 民国纽约牌香烟广告，郑曼陀绘制 .

受新文化运动影响，当时思想前卫的女性认为不仅长发是女性落后的表现，立领也妨碍了女性进步，侵害了女性身体的健康权和自主权。受这种思想影响，渐而流行低领，越低越摩登前卫。当领子的高度低无可低时，直接变为无领，以凸显女性的开放与自由（图 21）。1920 年 5 月 5 日的《民国日报》中一篇名为《近代妇女的流行病》的文章中写道："一般女子，确实觉悟了不少，她们知道衣服加领，有妨碍颈的运动，高领更为不行，所以那时她们的思想很积极，不论高低领，一概取消，很慷慨地提倡穿没领衣服了。" 穿着无领旗袍的女性，解脱了颈部的桎梏，其纤纤玉颈和诱人锁骨一览无余。由于骨感美并不适合当时的社会审美，批评舆论也对现实产生影响，废领运动风行一时，但很快又恢复了低领，1924 年后领子逐步升高，也为 30 年代后期高领审美的回归埋下伏笔。但是，在民国的"废领"风尚下，身着低领或无领之衣成为时尚进步的象征，也展现出当时女性对身体健康美的追求。

图 21　20 世纪 20 年代民国女学生袄裙[1]

[1] 易叡. 中国各朝代婚礼文化［M］. 长春：吉林大学出版社，2017.

到20世纪30年代，旗袍领子在原有的合体立领基础上不断翻新式样，领部高低变化相对明显。一时间领子的高度极高，呈现一种越高越时髦的态势。高高的束领经过上浆工艺后变得硬挺，领高超过两寸，紧紧抵着下颌，包裹住整个颈项，几乎不留余量。立领开口处用密密排列的盘扣封锁，多达四五排。束领限制了女性头颈部位的运动范围，颈部的可转动范围缩小，下巴不得不保持微微抬起之势。整体上，这种高耸的束领保证了当时女子回眸顾盼之时动作轻缓，呈现了女性自信、优雅、端庄的仪态。但是，这种直挺挺的硬高领也如同给女性的脖颈戴上了枷锁，可见以服饰遮蔽禁锢女性身体的传统意识仍在影响女性的审美观念。

随着抗日战争的全面爆发，一切以实用至上，浮华不实的高领彻底沦为累赘，女装衣领开始做起减法。20世纪30年代末至40年代初期，领高降至脖子中下段。衣领低了，便要在装饰上用心弥补，于是在领口与大襟处点缀以繁复的花扣。到了40年代前中期，花扣也被视为多余，改用按扣与风纪扣固定，彼时流行的领子不足一寸高。

从裹胸到衣领，女子的穿衣打扮还是逃不出世俗眼光的偏见。民国短短不到40年，衣领这方寸之间，起起落落，变化无穷。元宝领太高，无领不美观，束领不健康，每次变化都充斥着对女性形体的约束，当时的女子们有没有考虑过自己到底想怎样穿衣呢？现今的人们从那个时期领子时尚潮流的变迁中，也许可以窥探出一些当时中国的女性面貌和那个时代的风起云涌。

2. 上袖与肩部审美

传统旗袍的平面剪裁方式在胸部的外轮廓塑造了一条S形的曲线，使得肩部及整个胸部外轮廓非常优美。改良旗袍的肩部多根据西式礼服的板型来制作，依靠上袖做法来塑造肩部的线条，腋下没有褶皱。一些穿惯西式服装的人不止一次对充满东方韵味的肩部线条提出疑问：“腋下有褶不会不好看吗？”从纯粹的美学角度来看，设计造型中有虚有实才是美。如果一切都整齐划一、紧绷卡体，就失去了原有的美感。更何况每个人的身体都不是紧绷着的标准型，这很像东方建筑中的榫卯结构和西方长钉冷锤，一个是阴阳互补、虚实相生、虽由人作、宛自天开的自然情调，一个是超脱自然、驾驭自然的工程美学。但是，改良旗袍的制作方法不免降低了旗袍肩部线条的美感。西式的肩型塑造在褶皱的视觉导向是一个折角，相对破坏了女性肩部的自然流畅线条。大多数人在穿着一天的西装后都会感觉身体被衣服勒得疲惫。而传统旗袍的剪裁给予手臂非常大的活动余量，穿上传统旗袍泡茶、插花时肩部非常舒服，这也许就是旗袍流传百年依然经久不衰的秘诀。

3. 门襟与上体审美

旗袍的门襟是衣领以下至袖窿的开合构成之处，也是旗袍造型裁剪的重要分割线和重要组成部分，其位置为服装的视觉中心。门襟的造型线和装饰工艺一定程度上决定了旗袍的艺术特征。民国初期，旗袍轮廓“线条严正方冷，具有清教徒的风格”[1]，门襟的样式也以造型线条较为硬朗的“厂”字形为主（图 22）。随着时间推移，门襟的折线拐角从尖锐逐渐变得平顺，轻盈流畅的近 S 形成为门襟的主要式样之一。此种造型线条的变化与当时“男女平权”向“女性曲线美”的思想变化有一定的联系。在“男女平权”的思想引领下，女性力求抹平性别特征，服饰线条刻意向男性靠拢，平直且具有棱角，具备强烈的禁欲主义色彩。20 年代，女性正视了男女之间的差异，寻求适合女性身体的审美，门襟线条向着装饰化的自然曲线造型发展。之后随着旗袍发展，门襟按形状可以分为方襟、直襟、斜襟、隐襟、双襟、圆襟、曲襟、琵琶襟等样式，可见女性审美不再一味向男子看齐，而是由女性自己把握了选择权。

图 22　暗绿色地暗花卉纹提花绢夹短衫[2]

［1］张爱玲. 流言［M］. 杭州：浙江文艺出版社，2002.
［2］苏州中国丝绸档案馆馆藏，档号：T001-09-0369.

旗袍门襟的开合方式可分为封尾型和开尾型。封尾型门襟的旗袍须采用套头式穿法，如同现代的套头衫；后来出现的开尾型整体开襟相对较方便穿用，穿着时将两臂从袖中伸出，系好襟部即可。两者虽在外观上差别不大，但开合方式的改进证明了当时人们对女性身体的关注程度提高了，间接反映了追求人体健康美的思想潮流。

4. 开衩与腿部审美

旗袍的开衩是指旗袍下摆的两侧开出不闭合的衩口，一是为了行动方便，二是为了展现女性行走时若隐若现的腿部线条，兼具实用性和装饰性。旗袍的开衩是旗袍的典型特征之一，分为全开式和半开式两种。

1933年《申报》曾刊登一篇文章，讲述旗袍的开衩。旗袍起源发展之初，下摆相对宽大，方便行走，因而多不开衩。在当时看来，开衩旗袍在行走时难免露出裤子，有伤大雅。20世纪20年代末30年代初，在西方服饰影响下，旗袍整体轮廓已经收窄，但下摆依旧沿袭20年代以前置于膝下的长度，如若无衩，行动上会有很大困难。旗袍的衩起初只在开与不开之间摇摆，而在短暂的有无时期过后，旗袍的开衩成为时尚潮流的象征，变为开高或开低的问题。

20世纪30年代的旗袍腰身逐渐收小，并附有相较之前略高的开衩，新潮女性将旗袍开衩至臀下或将衩口的绲饰绲至臀部（图23）。旗袍的开衩之处似两条线所构成的门窗，旁人透过旗袍侧面开衩可察女性双腿隐现，感受其朦胧性感。开衩的两条缘饰线随着腿部活动而发生不同的形态变化，虚实动静之间尽显飘逸之美。同时，两条缘饰线于大腿处形成的向上锐角形态具有人体侧身形态的视错觉效果，修饰并拉长腿部线条。

图 23　身着高衩旗袍的女子[1]

1935 年曾流行过盖住脚面的低衩旗袍（图 24），穿着者站立时双腿笔直地紧靠在一起，彰显其亭亭玉立之姿，静坐时腿间分开角度极小以保持女性端庄之态。穿着这种旗袍时腿部空间有限，仅可碎步缓行。这种旗袍造型多搭配高跟鞋，使女性身体的下肢比例提高，腿部被收紧的下摆修饰得更加挺拔修长。随着 1937 年抗日战争全面爆发，女性积极投入抗日救国的运动中。为行走方便，袍身逐年缩短，开衩逐渐升高，具有干练简洁之风。

[1] 左图系烟台益记烟行经理公司广告，杭穉英绘于 20 世纪 30 年代；右图系源和洋行生产的马爹利牌洋酒广告，祖谋绘于 1934 年 .

图 24 身着低衩旗袍的女子[1]

可见，开衩线的高度变化与袍身长度形成相应的比例关系，不同的比例关系带来不同的视错觉效果，是体现旗袍设计风格的重点之一。

[1] 左图系上海华昌洋行广告，杭穉英绘制；右图系启东烟草股份有限公司广告，倪耕野绘于 20 世纪 30 年代末 .

旗袍设计理念与女性审美

民国时期，“新”似乎是当时的主导词，旗袍的变化速度也随“新”加快。（图 25）

图 25 20 世纪 30 年代款式多样的旗袍[1]

[1]《新春之装束》，叶浅予绘于 1931 年.

“或坐洋车或步行，不施脂粉最文明。衣裳朴素容幽静，程度绝高女学生。”[1] 诗中描述民国时期服装的特征是简约无装饰。在民初的“男女无别、力求平等”下，女性努力将自身靠近男性形象。服装设计理念受此影响以去性别化和去装饰化为主，同时又有几分“岂曰无衣，与子同袍”的气概。旗袍的设计还是保守的风格，为削弱和抹除男女性别差异，不再有过多的装饰，衣身变得宽松。张爱玲在《更衣记》中提道：“全国妇女突然一致采用旗袍，倒不是为了效忠于满清，提倡复辟运动，而是因为女子蓄意要模仿男子。在中国，自古以来女人的代名词是‘三绺梳头，两截穿衣’……” “女子蓄意模仿男子，醉心男女平权”，可见当时的女性以男性身体为审美倾向，初步解放了传统观念下层层衣物对女性身体的包裹。清朝末年，上海女性意识苏醒，动手改良京城里旗人穿的长袍。1894年甲午海战，北洋水师在黄海全军覆没。女性口口相传“海失洋”（“海式样”的谐音），男人们将其当作国运不济的谶语，认定祸在女性改良服装。之后1900年八国联军火烧圆明园又被认为祸起“京式样”（“京失洋”的谐音）。这是封建社会男性认为女性是“红颜祸水”的又一次“甩锅”之举。

平面裁剪的一片式旗袍，线条流畅优美，节省人工和衣料，人人都可以做得起、穿得起。旗袍能够迎合高矮胖瘦各种身材，适用于一切场合。不论是日常服装，还是舞衣、制服，旗袍都极具适配性。因此，旗袍很快席卷整个社会，从学生至女工、从平民至上流名媛都开始穿着旗袍。“服分等级，饰别尊卑”的封建理念不复存在，旗袍就是民意所向。

随着女性的社会地位逐渐被认可，旗袍的变化展露出当时社会背景下日益自由的女性权利。她们对旧有身体审美观念产生了质疑和思考，不再按旧社会男性的喜好进行裹脚、束胸等对身体束缚和改造。同时女性不再盲目地以男性视角来衡量自身价值，开始接受和领悟人体曲线美的观念，对自身原有的性征曲线产生新的审美观念，旗袍迎来发展的繁盛阶段。旗袍之前相对宽松的轮廓被收窄，衣领提高，袍身长度缩短，展露出手臂和双脚，女性不再将其视作性别禁忌。高领窄袖、收腰开衩的海派旗袍，尽

[1] 雷梦水，潘超，孙忠铨，等. 中华竹枝词 [M]. 北京：北京古籍出版社，1997.

显女性优美之态，释放内心情感，引领时尚潮流。

而后，在健康美理念和搭配旗袍穿着的女式内衣的双重变革下，女子束胸的风气有所减退（图 26），由此推动了女性身体审美的观念革新，渐渐以丰满凸起的胸部、挺翘的臀部和纤细的腰部形成的自然 S 形人体曲线为美（图 27）。旗袍的流行带来街头巷尾间女性的风情万种与明朗自信。那一抹倩影踏着碎步款款而来，让当时的男性又爱又恨，可谓一种美丽的叛逆和抗争。

图 26　不穿内搭胸衣的运动女性[1]

图 27　民国广告画中 S 形身材的丰满女子[2]

我国长期的封建社会中，重男轻女传统观念影响下的中国女子一直被视为男性世界的附庸和点缀，她们没有独立的人格，更没有独立的女性意识，因此也就谈不上女性的独立审美意识。民国作为一个承上启下、承先启后的特殊历史时期，女性的审美观念和思想可谓产生了翻天覆地的变化：

[1] 月份牌《宝石山下的摩登女》，杭穉英绘于 20 世纪 40 年代 .

[2] 中国华东烟草有限公司广告，杭穉英绘制 .

旧社会女性将自身作为男性的附属品，装扮风格是繁复华丽且柔弱怜人的；民国初年女性秉承消除性别化的理念，装扮风格随之转变为简约、无装饰；20世纪三四十年代女性性感独立的审美意识逐渐觉醒，装扮上大胆展现身体的曲线美。旗袍显露出的设计理念与女性的审美观念可谓密不可分。

随着时代的深刻觉醒，女性更清醒地意识到，妇女所需要的未来，不是以女人的身份或资格去行动和主宰一切事物，而是秉持与生俱来的天性去发展，作为自由的灵魂无拘无束地发挥天生的智慧、能力和美丽。旗袍的出现和盛行正是呼应了那个时代的女性需求。张爱玲曾说："对于不会说话的人，衣服是一种语言，随身带着的是袖珍戏剧。"[1]旗袍在她笔下的小说之中也是出镜率最高的道具，她认为穿着衣服不仅仅是物质的享受，更是一种个性、一种思想、一种精神。迄今为止，旗袍依旧被视作与东方传统相结合而成的经典服式，散发着独立自主又别具魅力的韵味。

女性穿着旗袍始因女性解放，后为对美的追求和表达。近现代女性身体审美总体趋势可以总结为从含蓄遮蔽到自由展露的发展历程。民国时期，在新旧观念的交替与冲突下，社会出现了无所适从的矛盾与混乱。传统中国服饰如何与现代世界协调发展是历史给我们留下的疑问，也许从旗袍的百年之变中可寻到些许答案。

[1] 苏尹. 一恋倾城，一世忧伤：张爱玲传 [M]. 北京：中国画报出版社，2016.

后 记

《芳华掠影——中国丝绸档案馆馆藏旗袍档案》一书，既是“中国丝绸档案馆馆藏集萃”系列丛书的第一册，也是中国丝绸档案馆建成开馆聚焦馆藏出版的首项成果，集档案之深沉、旗袍之秀美于一体，历时两载，即将付梓。

中国丝绸档案馆馆藏旗袍档案数量众多、品类丰富，若是按档号一一罗列，呈现效果显得过于凌乱，反而难以体现出档案的系统感。通过对旗袍档案的整体分析，考虑到不同类别数量之间的平衡，本书在斟酌了年代、材质、款式、色彩等分类标准后，最终选择了更能体现旗袍档案之美感的色彩标准，将全书分为四大篇章，并以相应的诗句作为标题，呈现出旗袍档案别具一格的魅力与诗意。结合本书科普读物的定位和旗袍档案的个性化特点，书中所有旗袍档案照片均由专业摄影师在摄影棚内拍摄，并为每件旗袍勾画了平面线描图。语言文字方面，在确保内容准确的基础上，表达则尽可能浅显易懂，希望既能满足专业人士研究的需要，又能立体充分地展示出旗袍档案的特色。

本书作为档案部门与高校合作的又一成果，能够顺利出版离不开中国丝绸档案馆工作人员和江南大学师生们的共同努力，得益于社会各界人士对中国丝绸档案馆的鼎力支持和慷慨捐赠，还有责任编辑王亮老师和设计师阎岚云老师的细致与创意，在此一并致以谢忱。

囿于学识与经验，书中疏漏之处在所难免，恳请专家、读者不吝赐教。